BIM思维课堂

Navisworks BIM
管理应用思维课堂

王君峰 编著

U0378758

机械工业出版社
CHINA MACHINE PRESS

《Navisworks BIM 管理应用思维课堂》是"BIM 思维课堂"系列图书中的第 2 本，作者团队来自 BIM 应用一线，具有丰富的实战及管理经验。本书基于 BIM 进行管理应用的视角，通过实践操作，全面讲解 Navisworks 中进行 BIM 协同管理、信息管理的知识。同时，对 BIM 的模型规范、信息规则给出建议和意见。

本书以 Autodesk Navisworks Manage 2019 为基础，通过丰富的案例操作，详细介绍了 Navisworks 在数据集成、沟通展示、碰撞检测、施工预演及成本控制的过程和操作方法。通过深入浅出的操作及介绍，全面掌握 Navisworks 中各模块的操作和使用，并通过 Navisworks 理解 BIM 中的信息规则、模型规则的概念。同时理解 BIM 领域与云计算领域之间的关联关系。

本书共 14 章，分为 3 篇：第 1 篇（第 1~4 章）介绍 Navisworks 中基本概念与基本操作方法。第 2 篇（第 5~10 章）介绍 Navisworks 中各专业模块的使用。第 3 篇（第 11~14 章）介绍 Navisworks 中数据管理的方法及高级应用。附录部分介绍 Navisworks 的安装及常用快捷键。

在学习本书前，请确保您的计算机已经安装了中文版 Autodesk Navisworks Mange 2019 或更新版本，以方便跟随本书的练习进行操作。

本书采用互联网+实体书的形式进行发布。随书附带的多媒体教学内容，书中绝大部分操作都配有同步的教学视频，时长 430 分钟。同时为每一个操作提供了随书文件包，内容包括书中每个操作的全部项目操作过程文件及相关素材文件。教学视频以及随书文件以网络下载的方式提供，具体操作方法请通过微信扫描下方二维码，关注"影响思维讲堂"公众号，在"书籍服务中"单击"配套视频说明"即可查看相应的视频使用方法。

本书可作为工程管理、房地产管理及建筑设计相关专业学生和三维设计爱好者的自学用书，也可作为各大院校相关专业、社会相关培训机构的教材或参考用书。

读者在阅读本书的过程中有任何问题和建议，可通过"影响思维讲堂"公众号提问和交流。

愿思维课堂系列，能为您的学习成长道路指点迷津，开拓思维。

图书在版编目（CIP）数据

Navisworks BIM 管理应用思维课堂 / 王君峰编著 . —北京：机械工业出版社，2019.2（2025.2 重印）
（BIM 思维课堂）
ISBN 978-7-111-61993-2

Ⅰ.①N… Ⅱ.①王… Ⅲ.①建筑设计–计算机辅助设计–应用软件–职业教育–教材
Ⅳ.①TU201.4

中国版本图书馆 CIP 数据核字（2019）第 028920 号

机械工业出版社（北京市百万庄大街 22 号　邮政编码 100037）
策划编辑：张　晶　责任编辑：张　晶
责任校对：刘时光　封面设计：张　静
责任印制：郜　敏
北京富资园科技发展有限公司印刷
2025 年 2 月第 1 版第 4 次印刷
210mm×285mm · 14 印张 · 434 千字
标准书号：ISBN 978-7-111-61993-2
定价：78.00 元

本书配套有软件操作章节的操作视频及操作过程素材文件，读者可免费查看本书的配套视频，并下载相应的过程操作文件，以便于学习和使用。

1. 使用微信扫描下方图 1 的二维码，或直接在微信中搜索"筑学 Cloud"，添加"筑学 Cloud"公众号。

2. 使用微信扫描下方图 2 的二维码，加入筑学云课程。

图1   图2

3. 扫描二维码之后如图 3 所示，查看用户协议并勾选，点击"注册"，进入"新用户注册"页面，如图 4 所示，填写登录名称及注册邮箱；点击"下一步"，如图 5 所示，填写真实姓名及手机号码；点击"设置密码"，如图 6 所示；设置密码后点击"完成"，返回"新用户注册"页面，点击"下一步"，成功加入筑学云，如图 7 所示。

图3   图4   图5

图 6   图 7

4. 在 Google chrome 浏览器输入 http：//www.zhuxuecloud.com/地址，如图 8 所示，通过微信扫描二维码登录。

5. 如图 9 所示，在微信端点击"同意"，允许微信账号进行网站登录。

图 8   图 9

6. 浏览器页面如图 10 所示。在任务学习页面中显示当前正在学习的课程，包括课程信息、学习进度、授课老师及课程版本。

图 10

序

  与王君峰认识已有十多年了，当时 BIM 的概念才提出来，记得我们是在晓东 CAD 论坛上认识的，我当时还是 Revit 板块的版主，时常和他交流 Revit 相关的使用问题，一来二去就熟识起来。当时 BIM 技术人员很少，也没有大面积普及，基本都是软件公司的工程师，很多都不是建筑工程专业出身。那一年他正在一家设计院工作，我当时感受到他对 BIM 的热情和向往，随之就邀请他来我们公司一起研究 BIM、推广 BIM，本以为他会犹豫很久，而且，我们还没有真正见过面，没想到他义无反顾地走上了这条道路，而且一走就是十几年，他是当时第一批科班出身，从建筑设计行业全身心投入到 BIM 研究与推广的人。

  许多年过去了，BIM 行业也由当初重视如何创建数据，上升到 BIM 的综合与管理。BIM 数据的创建固然重要，但是如何用好 BIM 数据才是项目实施过程中的关键，针对国内工程建设的特点，我们一般把 BIM 模型分为设计模型、算量模型、施工模型以及运维模型，这四种模型可以相对独立存在，但也需要有数据的关联性。这本书主要是针对 BIM 的规则化管理，站在 BIM 信息化管理的角度，介绍如何在管理过程中运用好 BIM 模型数据的思想，同时也结合设计阶段和算量阶段 BIM 数据的运用，是一本全面讲解 BIM 数据整合管理的书籍。

  投入 BIM 行业十几年来，王君峰写了不少关于 BIM 相关软件应用的书籍。现在《Navisworks BIM 管理应用思维课堂》书稿已出，单是琢磨一遍目录，我就感受到内容的全面性，从本书的内容上来看，这本书秉承了他一贯认真仔细的态度，由浅入深，由简入繁地介绍了 Navisworks 的功能，同时结合了他多年来项目实施的经验，全方位地介绍了 BIM 数据处理的方法和运用的关键，对于初学者或项目管理者来说是一本值得学习的教材，对于 BIM 的从业者或管理者来说，是帮助建立 BIM 管理思维和信息化的思维的好书籍。

马 宇

湖南省 BIM 联盟专家委员会主任

2019 年 3 月 2 日于长沙

作 者 序

从 2005 年第一次接触 BIM 这个词开始，不知不觉中已经过去了 14 年。回顾这 14 年来，特别是近 4 年来 BIM 技术在国内的发展已经步入了飞速发展的快车道。BIM 作为建设工程信息化管理的手段，已经越来越多地应用于各类工程之中，从世界超级工程港珠澳大桥，到中国第一高楼上海中心，BIM 在工程的各个领域结出了非凡的硕果。

2017 年 2 月底，国务院办公厅印发《关于促进建筑业持续健康发展的意见》，提出"加快推进建筑信息模型（BIM）技术在规划、勘察、设计、施工和运营维护全过程的集成应用，实现工程建设项目全生命周期数据共享和信息化管理，为项目方案优化和科学决策提供依据，促进建筑业提质增效。"

2017 年 7 月 1 日，《建筑信息模型应用统一标准》（GB/T 51212—2016）正式实施，标志着 BIM 已经进入到国家标准时代。2018 年 1 月 1 日，《建筑信息模型施工应用标准》（GB/T 51235—2017），标准着 BIM 在施工专业领域中的应用有了国家标准。

随着 BIM 迅猛地发展，如今 BIM 的应用已无处不在。无论从政府层面还是从企业层面，都已经在深入、踏实地将 BIM 应用在工程项目中。BIM 已经成为工程行业中管理创新、应用创新的重要手段，已从过去单一的 BIM 成果展示演变为工程管理的方法。随着智慧工地等智慧化管理时代的来临，BIM 作为智慧化管理的数字基础，在工程的智慧管理中发挥着重要的作用。由于 BIM 的直观可视、数据集成、轻量化显示、多维信息整合、跨移动端应用等天然优势，已经成为工程信息化管理变革的重要手段。轻量化后的 BIM 数据与模型，是形成工程大数据的基础。

BIM 数据的管理的重要性越来越突出的同时，对于 BIM 的规则、标准有了全新的要求。当前的 BIM 模型不仅需要从正向设计的角度出发来满足 BIM 正向设计的需求，同时更应从质量、成本、进度管控的角度对 BIM 提出新的要求。BIM 的数据规则与 BIM 数据的传递、移交已成为业内的必然需求。作为 BIM 数据集成和管理的平台，Autodesk Navisworks 已越来越多地出现在每个 BIM 从业人员的计算机桌面之上。

作为 BIM 技术在我国的倡导者和发起者，Autodesk 公司提供了包括 Revit 系列、Navisworks 等在内的一系列 BIM 解决方案。其中 Navisworks 是 Autodesk 在 BIM 领域中用于在完成 BIM 模型和信息创建后用于设计协调、施工过程管理、BIM 中多信息集成应用的重要一环。是发挥 BIM 模型和数据的管理价值的重要体现。通过 Navisworks 实现多种 BIM 数据集成管理、沟通展示协调、碰撞检测预案、施工过程预演、工程成本控制以及竣工数据集成等全方位协调和管理工作。

在本书的编写过程中，正是家人的支持与鼓励，让我在几乎要放弃的情况下又重拾信心，在此非常感谢家人的大力支持。本书中大量的图片由王亚男协助完成，在此非常感谢她的付出。

本书仅仅是 BIM 发展和应用道路上的一个小小的里程碑，希望能够给踏上 BIM 这条路上的读者们给予帮助，那才是我认为非常有意义的事。愿本书淡淡的墨香能够开启 BIM 的另一扇窗。

时间仓促，加之本人水平有限，本书在即将印刷之际仍未能确保内容无误，还请各位读者谅解。如发现书中任何描述不当之处，还请各位读者不吝指正。读者可随时通过微信公众号，送上鲜花或提出批评意见，我一定虚心接受。

王君峰

2019 年 3 月 1 日于重庆

前　言

　　BIM 技术是当前工程建设行业的主流。住房和城乡建设部分别于 2011 年和 2014 年印发《2011—2015 年建筑业信息化发展纲要》和《关于推进建筑业发展和改革的若干意见》的通知，积极鼓励在建筑行业的设计、施工及运维过程中采用 BIM 技术。目前，包括北京、上海、广东、辽宁、山东等各级政府的相关部门已发布关于应用 BIM 技术的通知，使得 BIM 技术成为当前工程行业最热门的应用技术。

　　作为 BIM 技术在中国的发起者和倡导者，Autodesk 公司提供了包括 Revit 系列、Navisworks 等在内的一系列 BIM 解决方案。其中，Navisworks 是 Autodesk 在 BIM 领域中完成 BIM 模型和信息创建后，用于设计协调、施工过程管理、多信息集成应用的重要一环，是发挥 BIM 模型和数据管理价值的重要体现。Navisworks 可实现多种 BIM 数据集成管理、沟通展示协调、碰撞检测预案、施工过程预演、工程成本控制以及竣工数据集成等全方位协调和管理工作。

　　本书以 Autodesk Navisworks Manage 2019 为基础，通过丰富的案例操作，详细介绍了 Navisworks 在数据集成、沟通展示、碰撞检测、施工预演及成本控制的过程和操作方法。通过深入浅出的介绍，可帮助读者全面掌握 Navisworks 中各模块的操作和使用，并通过 Navisworks 理解 BIM 中的信息规则、模型规则的概念。同时理解 BIM 领域与云计算领域之间的关联关系。

　　本书共 14 章，分为 3 篇：第 1 篇包括第 1～4 章，介绍 Navisworks 的基本概念与基本操作方法；第 2 篇包括第 5～10 章，介绍 Navisworks 中各专业模块的使用；第 3 篇为第 11～14章，介绍 Navisworks 中数据管理的方法及高级应用。本书附录介绍了 Navisworks 的安装及常用快捷键。

　　另外，本书章首的项目图片均由北京互联立方技术服务有限公司提供。

　　在学习本书前，请确保您的计算机已经安装了中文版 Autodesk Navisworks Manage 2019 或更新的版本，以方便跟随本书的练习进行操作。

　　由于编者水平有限，书中一定存在不足之处，恳请广大读者批评指正。

编　者

目 录
CONTENTS

第 **1** 篇

Navisworks管理基础

Navisworks 是实现 BIM 管理的有效工具，在创建 BIM 模型后，可以利用 Navisworks 对 BIM 模型进行整合、展示与管理、实现 BIM 数据创建之后的应用。本篇共 4 章，包括第 1 章、第 2 章、第 3 章和第 4 章，主要介绍 Navisworks 在 BIM 领域中的地位与作用，介绍 Navisworks 的基本操作的方法，是学习和理解 BIM 管理实践应用的操作基础。

第1章 Navisworks概述

全球领先的数字化设计软件供应商 Autodesk（欧特克）公司，针对建筑设计行业推出了 Autodesk Navisworks 解决方案产品，用于整合、浏览、查看和管理建筑工程过程中多种 BIM 模型和信息，提供功能强大且易学、易用的 BIM 数据管理平台，完成建筑工程项目中各环节的协调和管理工作。本书将以 Autodesk Navisworks Manage 2019⊖为例，逐步深入了解和掌握 Navisworks 的上述各项功能，介绍 Navisworks 在工程建设行业各领域中进行 BIM 管理的使用方法与技巧。相信通过本书的学习，你也能够成为 Navisworks 的操作专家。

本章将介绍 Navisworks 的基本知识及概念，了解 BIM 的概念、意义及价值，掌握 Navisworks 的应用范围与基本功能。学习完本章，读者可以理解 BIM 的概念及 Navisworks 在 BIM 各环节中的重要作用。

1.1 建筑信息模型与 Navisworks

BIM（Building Information Modeling，建筑信息模型）是 21 世纪初期提出的概念。BIM 是以计算机三维数字技术为基础，集成了各种相关信息的工程数据模型，可以为设计、施工和运营提供相协调的、内部保持一致的并可进行运算的信息模型。麦格劳·希尔建筑信息公司将建筑信息模型定义为创建并利用数字模型对项目进行设计、建造及运营管理的过程。即利用计算机三维软件工具，创建包含建筑工程项目的完整数字模型，并在该模型中包含详细工程信息，能够将这些模型和信息应用于建筑工程的设计过程、施工管理，以及物业和运营管理等全建筑生命周期管理（Building Lifecycle Management，BLM）过程中。这是目前关于 BIM 的定义较为全面、完善的解释。

1.1.1 建筑信息模型

"甩图板"是工程建设行业（Architecture、Engineering、Construction，AEC）在 20 世纪中最重要的一次信息化过程。通过"甩图板"，工程建设行业由绘图板、丁字尺、针管笔等手工绘图方式提升为现代化、高效率、高精度的 CAD（Computer Aided Design，计算机辅助设计）制图方式。以 AutoCAD 为代表的 CAD 工具，以及以 PKPM、Ansys 等为代表的 CAE（Computer Aided Engineering，计算机辅助工程）工具的普及，极大地提高了工程行业中制图、修改、管理的效率，极大提升了工程建设行业的发展水平。

然而工程建设是一个复杂的行业，任何一项工程均涉及设计、施工及运营维护等多个不同的工作阶段和环节，即便是在设计环节中，也会涉及建筑设计、结构工程、水电工程等多个不同的专业，是典型的多人协调工作模式。从建筑工程的全生命周期管理过程来看，建筑工程的不同阶段涉及不同信息、数据的整合。例如，在施工过程中，需要对供应商信息、施工过程信息进行有效的整合和管理。当前，建筑工程中建设项目的规模、形态和功能越来越复杂。高度复杂化的工程建设项目，再次向以 AutoCAD 为主体、以工程图纸为核心的设计和工程管理模式发出了挑战。

BIM 技术是 21 世纪工程建设行业中最炙手可热的技术之一，BIM 技术正以破竹之势在工程建设行业各领域引起一场信息化数字革命。BIM 技术允许通过三维建模的方式进行工程项目的展示与沟通，同时可以在模型中整合出工程过程中需要的相关信息。例如，可以利用 BIM 系统创建的三维数字模型形象地展示建筑的设计外观，在 BIM 模型的图元对象信息中记录门窗的高度、宽度、防火等级等详细门窗信息。然而在工程过程中，不同专业的人员需要使用不同的三维 BIM 工具解决本专业、本阶段内的问题，如何将不同数据源的模型整合为可浏览、可协调的完整数字模型，已成为 BIM 技术应用中最必不可少的环节。

AEC 是涉及多种专业、多个阶段、多名人员的复杂行业。在以模型为主的 BIM 1.0 时代，不同专业

⊖ 若无特别情况，以下均简称 Navisworks。

的工程技术人员将采用不同的三维设计工具来完成本专业的工作。如图 1-1 所示，以典型的三维工厂为例，在工程设计阶段，建筑专业设计人员需要使用 SketchUp 和 Revit 分别创建建筑专业模型以及场地景观模型，设备设计专业使用 Solidworks 创建工厂内部的机械设备模型，工艺专业需要使用基于 AutoCAD 的三维管道软件（如 PDSoft）创建三维管线模型，机电专业则需要使用 Autodesk Revit 创建暖通管道模型。由于不同的三维设计工具具有较强的专业

图 1-1

针对性，使用针对本专业的三维设计工具将更加符合特定的专业工作需求，从而提高该专业的工作效率。但不同的三维设计工具将生成不同数据格式的文档，如何能将这些不同类型的模型文件整合为完整的三维数字工厂，是三维 BIM 技术在设计阶段应用的关键。

现代的建筑工程规模越来越大，难度越来越高。在编者所参与建筑面积为 17 万 m^2 的某商业综合体项目中，使用 Autodesk Revit 创建的包含建筑、结构、机电各专业的 BIM 模型文档大小达到 3GB 之多。由于 Autodesk Revit 等 BIM 软件对计算机硬件性能的要求较高，已经无法在当前业界最新、最高端的工作站中使用 Autodesk Revit 来整合和浏览该项目的完整 BIM 模型。图 1-2 所示为上海中心大厦 BIM 模型。该建筑为中国目前第一高楼，高度达 632m，建筑面积超过 57 万 m^2。如此巨大的建筑工程项目，若不采取特别的手段，将是对计算机硬件运算能力的严峻考验。

另外，类似于 Autodesk Revit 这样的三维软件工具对于绝大多数仅需要查看和浏览模型的人士来说，其操作依然过于复杂，上手难度相对较高。

当今时代是"大数据"时代，BIM 信息数据中的"I"（Information，信息）在建筑工程项目全生命周期管理过程中将无限增加和扩展，建筑各阶段的信息整合、管理成为 BIM 应用的重要环节，也是 BIM 2.0 时代的标志。例如在施工阶段，除需要将已经产生的建筑、结构、机电各专业模型进行整合展示、浏览与查看外，还需要在施工过程中，随施工进度进一步在 BIM 数据库中集成各构件施工的时间节点信息、安装信息、采购信息、现场照片等施工信息。这些信息数据是 BIM 数据库中尺寸等几何信息的补充与扩展。这类信息可能会采用 Microsoft Project、Microsoft Excel、Adobe PDF 等多种软件中不同的文档格式进行保存。如何将这些数据与 BIM 模型关联并进行管理，同样成为 BIM 工作过程中必不可少的环节，也是 BIM 未来进行数据整合分析的基础。

图 1-2

BIM 的精粹在于各类工程模型的集成和信息的整合，"M"（Model，模型）是重要的载体，"I"则是其灵魂。"I"使得 BIM 变得更加具有生命力，使 BIM 数据具备可以进入 PIMS（Project Information Management System，工程信息管理系统）进行管理的基础。但在实际应用中，建筑工程领域在各环节的数据格式、信息格式复杂、多样和庞大，已成为实施 BIM 建筑信息模型方法的最大障碍，导致必须通过有效的手段来解决"M"和"I"的集成和整合问题。Navisworks 即是解决 BIM 应用中上述障碍的神兵利器。

1.1.2 Navisworks 简介

自从20世纪60年代有了三维CAD技术以来，三维CAD应用软件在各专业领域内层出不穷。工厂、船舶等行业，由于工程复杂、涉及的专业较多，常常需要使用各种不同的三维软件工具创建不同的专业模型。但是不同的三维软件之间不能很好地进行三维数据交换，从而阻碍了三维数据的整合。为了能够让用户整合和浏览不同的三维数据模型，在20世纪90年代中期，Tim Wiegand在英国剑桥大学开发出Navisworks的原型产品，并成立Navisworks公司。2007年8月，Autodesk公司以2500万美元收购了Navis-works公司。当时，该产品名称为Jet Stream，如图1-3所示。

Autodesk 完成对该公司的收购后，将Jet Stream命名为 Navisworks，并逐步划分为Navisworks Manage、Navisworks Simulate 和NavisworksFreedom 三个不同的版本。图1-4 为Autodesk Navisworks Manage 2019 的启动界面。

图 1-3

Navisworks 可以读取多种三维软件生成的数据文件，从而对工程项目进行整合、浏览和审阅。在Navisworks中，不论是 AutoCAD 生成的 dwg 格式文件，还是 3ds Max 生成的 3ds、fbx 格式文件，乃至非 Autodesk 公司的产品，如 Bentley Microstation、Dassault Catia、Trimble SketchUp 生产的数据格式文件，均可以轻松地被 Navisworks 读取并整合为单一的 BIM 模型，如图1-5 所示。

Navisworks 提供了一系列查看和浏览工具，如漫游和渲染，允许用户对完整的 BIM 模型文件进行协调和审查。Navisworks 通过优化图形显示与算法，即便使用硬件性能一般的计算机，也能够流畅地查看所有数据模型文件，大大降低了三维运算的系统硬件开销。

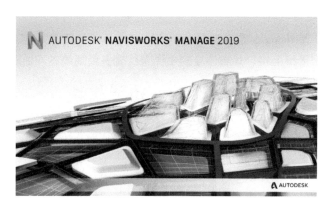

图 1-4

在 Navisworks 中，利用系统提供的碰撞检查工具可以快速发现模型中潜在的冲突风险。如图1-6 所示，在审阅过程中可以利用 Navisworks 提供的"审阅和测量"工具对模型中发现的问题进行标记和讨论，方便团队内部进行项目的沟通。

图 1-5

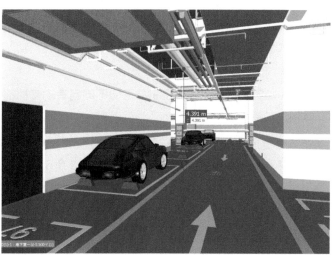

图 1-6

Navisworks 可以整合任意格式的外部数据，如 Microsoft Project、Microsoft Excel、PDF 等多种软件格式的信息源数据，从而得到信息丰富的 BIM 数据。例如，可以使用 Navisworks 整合 Microsoft Project 生成的施工节点信息，Navisworks 会根据 Microsoft Project 的施工进度数据与 BIM 模型自动对应，使得每个模型图元具备施工进度计划的时间信息，实现 3D 模型数据与时间信息的统一，在 BIM 领域中称为 4D 应用。图 1-7 所示为 2008 年上海世博会生态家园项目中利用 Navisworks 模拟在不同日期的工程施工进度。

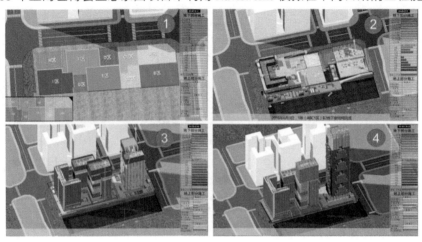

图 1-7

Navisworks 是 BIM 环节中实现数据与信息整合的重要一环，它使得 BIM 数据在设计环节与施工环节实现无缝连接，为各领域的工程人员提供最高效的沟通及工程数据的整合管理流程。

1.2　Navisworks 功能模块

Navisworks 是功能强大的 BIM 数据和信息的整合与管理工具。Navisworks 提供了多种不同的功能模块，通过使用不同的模块，用户可以完成渲染表现、冲突检测、施工进程模拟（4D 应用）、工程量统计等不同的工作。本节将简要介绍 Navisworks 各功能模块的基本概况，以方便读者对 Navisworks 建立一个完整的认识。本书在后面各章节中还将详细介绍各功能模块的使用方法。

1.2.1　功能模块简介

读取多格式 BIM 数据文件是 Navisworks 的基础功能。Navisworks 内置了当前世界上绝大多数常见三维数据的文件转换器，用户可以直接利用 Navisworks 打开如 Catia、Solidworks、AutoCAD、Revit、Microstation 等各类软件所创建的三维模型文档，将各类模型最终整合在单一的 Navisworks 场景中实现多种三维数据的协调。Navisworks 在读取各三维数据文件时，均会生成与原三维数据文件同名的 nwc 格式的缓存格式文件，以加快文件打开和浏览的速度。

🔊 提 示

Navisworks 支持 nwc、nwf 及 nwd 三种不同自有的文档格式。关于三种文档格式的区别，参见本书第 2 章相关内容。

浏览与查看模块是 Navisworks 的基本应用模块。Navisworks 提供了漫游、飞行、环视、平移、缩放、动态观察等多种模型的浏览和查看工具。如图 1-8 所示，在 Navisworks 中使用漫游工具在虚拟建筑场景进行漫游浏览及查看。在浏览和查看的过程中，可以使用视点保存工具将视点保存在 Navisworks 的 nwf 或 nwd 格式的数据文档中，方便用户在下次查看时快速重新定位至保存的视点位置。

由于 BIM 模型数据中包含大量的工程信息，用户在浏览和查看过程中可以通过"特性"面板查看各 BIM 模型中的属性信息。如图 1-9 所示，在"特性"面板中显示风管的系统功能、截面尺寸、长度、面积等信息，工程人员可以利用这些信息了解工程的详情。

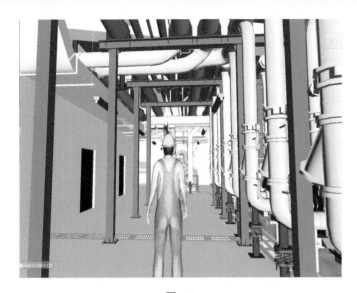

图 1-8 图 1-9

对于在浏览和查看中遇见任何需要协调的问题，Navisworks 提供了包括测量和红线批注工具在内的审阅模块，用于对模型中发现的问题进行标记。如图 1-10所示，使用红线批注工具对发现的风管与结构柱发生冲突进行标记，利用注释工具对问题进行编号并记录每一个问题的审阅意见。注释及红线批注均可保存在 Navisworks 的 nwf 或 nwd 格式的数据文档中，方便后期对所有标记的问题进行查找与管理。

Navisworks 提供了展示模块，用于在 Navisworks 中对已载入的三维场景进行渲染和表现。展示模块提供了渲染器及材

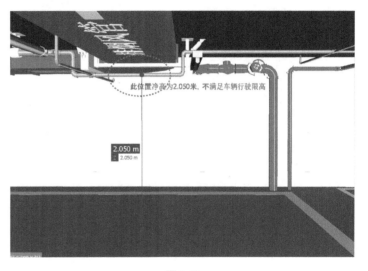

图 1-10

质、灯光管理器，利用这些工具，工程人员可以自由地对模型渲染的效果进行调整与控制，使场景展示更加逼真生动。Navisworks 2019 中提供了 Autodesk Rendering 及 Presenter 两种渲染引擎。它们均可以方便、快捷地通过渲染计算，输出真实光影效果的照片级展示成果。图 1-11 所示为使用 Navisworks 渲染得到的建筑外部展示图片。

图 1-11

◀)) 提 示

在 Navisworks 2019 中，Autodesk 已取消 Presenter 渲染引擎。

Navisworks 提供了 Clash Detective（碰撞检查）模块，用于快速查找当前场景中不同三维模型之间的干涉与冲突。Clash Detective 允许用户指定任意两个选定的项目，根据用户自定义的规则由 Navisworks 自动检测所选定的项目间是否存在干涉冲突。例如，用户可以在 Clash Detective 模块中选择当前模型场景中的结构专业模型和暖通专业模型，由 Navisworks 根据设定的规则自动检测所选择专业模型间是否存在结构梁、结构柱与暖通通风管道间的干涉。图 1-10 中显示了排风管道与走廊两侧凸出结构柱间的典型干涉情况。在 Clash Detective 模块中，用户可以对检测结果进行管理。例如，在碰撞审核的过程中，允许与梁发生碰撞的穿梁管线碰撞进行标记与排除，如图 1-12 所示。Navisworks 还允许用户对所选择对象进行净距离检测，以确保空间的可用性。Clash Detective 是 Navisworks 中最具特色的功能，它在工程项目的三维协调过程中发挥着重要作用。

建筑工程项目通常需要数年的时间才能竣工。载入工程三维数字模型后，工程人员可以根据施工组织计划在 Navisworks 中预演工程施工的过程，使用 Navisworks 的 TimeLiner（时间进度）模块即可实现此功能。TimeLiner 可以对模型中每一个构件添加实际开工时间、完工时间、人工费、材料费等信息，得到包含 3D 模型、时间过程和费用在内的 5D BIM 模型，实现施工计划预演、施工过程管理和控制等功

图 1-12

能。Navisworks 允许用户通过指定的规则自动地由 Microsoft Project 等工程进度管理工具生成的施工时间信息与 BIM 模型进行关联。在施工模拟展示过程中，Navisworks 还可以关联由 Animator 模块制作的动画，用于模拟施工中设备、机械的安装顺序与移动过程。此外，它还可以结合使用 Clash Detective 检测施工过程中由于施工设备运行可能带来的干涉与风险。TimeLiner 模块实现了施工方案的数字化预演，完成多种施工方案的模拟比较。

◀)) 提 示

Animator 模块是 Navisworks 中用于制作场景动画的模块，本书在第 8 章将详细介绍该功能的使用。

Navisworks 2019 版本中新增加了 Quantification（工程量计算）模块。利用该模块可以实现对采用 Revit 和 AutoCAD 创建的 BIM 模型进行材料工程量的统计，真正意义上实现 BIM 数据与工程管理的结合，进一步扩展了 Navisworks 在 BIM 领域的应用范围，也同时扩展了 BIM 模型的作用和价值。图 1-13 所示为使用 Quantification 模块得到的工程量统计表。

图 1-13

模型读取、场景浏览、Clash Detective、TimeLiner、Quantification 等模块构成了 Navisworks 的主体功能，也构成了 BIM 模型与信息数据在工程阶段中的应用框架。除上述功能外，Navisworks 还提供 Animator、Scripter（脚本控制）、Data Tools（外部数据连接）等辅助功能，用于对模型浏览、Clash Detective、TimeLiner 等功能的进一步补充与辅助。

Navisworks 利用计算机三维数字技术对建筑工程现场进行预演与模拟，找到以往只有在施工现场才能发现的问题，是联系 BIM 数据与工程现场的桥梁。利用 Navisworks 可以在工程现场施工之前做好相应的预案，降低施工现场的拆改、变更费用，节约工程的投资。

1.2.2　Navisworks 的发行版本

Autodesk 根据 Navisworks 中不同功能模块的组合，将 Navisworks 划分为三个不同的版本，分别为 Navisworks Manage、Navisworks Simulate 和 Navisworks Freedom。其中，Navisworks Manage 是功能最完整的版本，它包含了 Navisworks 的所有功能模块。Navisworks Freedom 是 Autodesk 针对仅有查看需求的用户所推出的免费版本，用户可以在 www. autodesk. com 免费下载并安装，且仅能查看Navisworks生成的 nwd 格式数据。

Navisworks 各发行版本的功能模块区别见表 1-1。

表 1-1

功　　能	Navisworks Manage	Navisworks Simulate	Navisworks Freedom
查看项目			
实时导航	●	●	●
全团队项目审阅	●	●	●
模型审阅			
模型文件和数据链接	●	●	
审阅工具	●	●	
nwd 与 nwf 发布	●	●	
协作工具	●	●	
模拟与分析			
4D、5D 展示	●	●	
照片及渲染输出	●	●	
动画制作模块	●	●	
协调			
碰撞检查	●		
碰撞管理	●		

由表 1-1 可见，Navisworks Manage 与 Navisworks Simulate 的主要差异在于是否具备碰撞检查模块。碰撞检查是 Navisworks 在应用环节中非常重要的基础性功能模块之一。

1.2.3　Navisworks 与云计算

随着云计算服务的不断深入以及 iPAD 等终端设备的普及，Autodesk 开发出基于 iPAD 的 BIM 360 Glue，用于在 iPAD 上浏览 Navisworks 生成的 nwd 格式数据，如图 1-14 所示。

图 1-14

🔊 提 示

BIM 360 Glue 目前仅支持苹果公司的 iPAD 及 iPAD mini，安卓及其他移动终端用户暂时还无法使用该产品。

BIM 360 Glue 是 Autodesk 公司云计算服务的一部分，用户必须拥有 Autodesk 360 账号才能使用 BIM 360 GLue。使用 Autodesk 账号登录 Autodesk 云服务，BIM 360 GLue 会自动下载云存储的所有 nwd 格式数据至 iPAD 中，以便在 iPAD 上查看最新版本的 BIM 模型。BIM 360 Glue 还允许用户将 nwd 格式的数据直接复制到用户的 iPAD 中，直接利用 BIM 360 Glue 进行离线查看和浏览。只需一部轻便、高效的 iPAD 便可以查看完整的工程 BIM 模型，在任何时候，用户均可对 BIM 数据进行查询，如图 1-15 所示。

本书在第 12 章中详细介绍了 BIM 360 Glue 的安装和使用方法，请读者参考该节以了解更多关于 BIM 360 Glue 的内容。

图 1-15

本 章 小 结

本章作为全书的开篇，介绍了 BIM 的概念以及 Navisworks 在 BIM 各环节中的意义和价值，通过 Navisworks 可以让读者进一步理解 BIM 的意义与概念。本章简要介绍了 Navisworks 的模型读取、场景浏览、Clash Detective、TimeLiner、Quantification 等模块的功能，初步讲述了 Navisworks 的应用范围与功能特点。

BIM 360 Glue 可以看作是运行于 iPAD 的 Navisworks，它可以用来读取桌面版 Navisworks 生成的 nwd 格式数据，方便用户随时随地查看 BIM 模型与数据。

第 2 章将进一步认识 Navisworks 的界面和基本概念，并学习如何对 Navisworks 进行操作。

第 1 章介绍了 BIM 的概念及 Navisworks 的应用范围。从本章开始，读者将真正开始进入 Navisworks 中进行操作，通过逐步掌握 Navisworks 的各项操作，成为 Navisworks 的 BIM 操作专家。

2.1 初识 Navisworks

Navisworks 是标准的 Windows 应用程序。以 Navisworks Manage 2019 为例，该软件可以运行在 64 位或 32 位的 Windows 7 及 64 位的 Windows 8 系统之上。为提高 Navisworks 的运算能力，笔者建议用户采用 64 位的 Windows 7 或 Windows 8 系统运行该产品。

安装完成 Navisworks 后，用户可以像其他应用程序一样通过双击桌面的 Navisworks Manage 2019 快捷图标（图 2-1）或单击桌面的"开始"→"所有程序"→"Autodesk"→"Autodesk Navisworks Manage 2019"→"Manage 2019"来启动 Navisworks Manage 2019。注意在安装 Navisworks Manage 时，系统默认会同时安装 Navisworks Freedom。Navisworks Manage 与 Navisworks Freedom 的图标很类似，请读者注意二者的细微差别。

目前 Autodesk Navisworks Manage 多以设计套件的形式出现。例如，在建筑设计套件（Building Design Suite，BDS）旗舰版套件中包含 Navisworks Manage 软件，在安装该套件时，Navisworks Manage 会随该套件中的其他产品一并安装。

2.1.1 初识 Navisworks 界面

启动 Navisworks 后，默认进入空白的场景。按〈Ctrl + O〉组合键，弹出"打开"对话框，如图 2-2 所示，注意确认底部的"文件类型"为"Navisworks（＊.nwd）"格式，浏览至随书资源"练习文件\第 2 章\2-1.nwd"文件，单击"打开"按钮，Navisworks 将载入该场景文件，进入到项目查看状态。该场景为一栋办公楼的三维模型情况。

图 2-1　　　　　　　　　　　　　　　　图 2-2

🔊 提 示

nwd 格式为 Navisworks 的文档格式。详情参见本章第 3 节相关内容。

Navisworks Manage 2019 的应用界面如图 2-3 所示。Navisworks 采用了名为 Ribbon（功能区）的工作界面。Ribbon 界面最早被微软应用在 Office 2007 系列产品中。Ribbon 界面不再使用传统的菜单和工具栏，而是按工作任务和流程，将软件的各功能按任务组织在不同的选项卡和面板中。在当前 Autodesk 绝大多数产品中，均采用这种格式的界面，以保持各产品间相似的操作习惯。

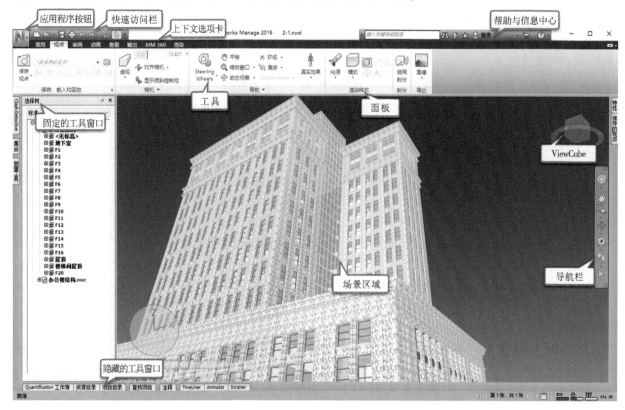

图 2-3

单击选项卡的名称，可以在各选项卡中进行切换，每个选项卡中都包括一个或多个由各种工具组成的面板，每个面板都会在下方显示名称。单击面板上的工具，可以进行使用。请读者自行在不同的选项卡中切换，熟悉各选项卡中所包含的面板及工具。

移动鼠标指针至面板的工具按钮上并稍做停留，Navisworks 会弹出当前工具的名称及文字操作说明，如图 2-4 所示。如果鼠标指针继续停留在该工具处，系统将显示该工具的详细使用说明，如图 2-5 所示。Navisworks 通过这种方式使用户直观地了解各个工具的使用方法。

图 2-4

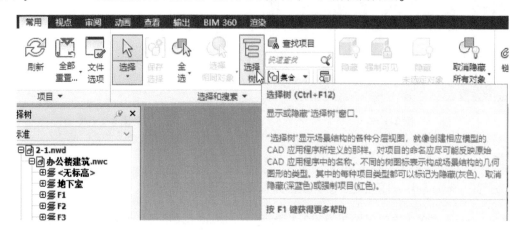

图 2-5

工具提示中括号里的文字表示该工具对应的快捷键。例如，如图2-4所示的"选择树"工具，除单击该按钮可以打开或关闭"选择树"工具外，还可以直接按〈Ctrl + F12〉快捷键打开或关闭，其效果相同。

在Navisworks中选择任意模型对象时，Navisworks将显示绿色的"项目工具"上下文选项卡。单击切换至该选项卡，如图2-6所示，该选项卡显示了Navisworks中所有可对所选择图元进行编辑、修改的工具，如"变换"面板中提供了移动、旋转、缩放等工具。当按〈Esc〉键取消选择集时，"项目工具"选项卡消失。由于该选项卡与所选择的图元有关，因此将该选项卡称为上下文选项卡。

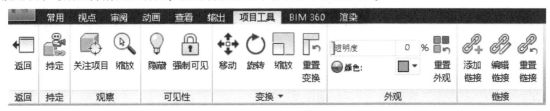

图 2-6

提示

第4章将详细介绍Navisworks中选择图元的方法。

当面板中的工具有其他可用工具时，将在工具图标下方显示下拉按钮。如图2-7所示，通过单击该工具下方的黑色三角形按钮打开该工具的隐藏工具列表，单击可选择列表中相应的工具。

当工具面板中存在隐藏工具时，如图2-8所示，Navisworks将在工具面板标题栏名称后显示下拉箭头。单击该下拉箭头，可以展开工具面板以查看隐藏的工具和控制选项。如图2-9所示，展开面板后如要将该面板保持处于永久展开状态，可单击该面板左下角的固定按钮 ，该符号将变为 ，此时Navisworks将固定该面板使之不再自动隐藏；再次单击 ，可以使工具面板恢复至原始状态。

Navisworks提供了无数个工具窗口，用于执行不同的操作。本书在第1章中介绍了Navisworks的各主要功能模块，其在Navisworks Manage中是以工具窗口的形式体现在Navisworks中。各工具窗口具有固定和隐藏两种状态。固定的工具窗口将在界面中一直显示，而隐藏的工具窗口则在主界面中只显示名称，只有鼠标指针指向或单击该工具窗口名称时才会显示该工具窗口，而当鼠标指针离开该工具窗口时，Navisworks将自动隐藏该窗口。

图 2-7

图 2-8

图 2-9

提示

固定的工具窗口将缩小场景区域的显示范围，而隐藏的工具窗口将不会占用场景区域的显示范围。

Navisworks允许工具窗口在固定和隐藏状态间进行切换。如图2-10所示，单击工具窗口右上角的"自动隐藏" 按钮可将该工具窗口变为隐藏状态。类似地，单击该位置 图标可将该工具窗口变为固定状态。不论任何时候单击工具窗口右上角的"关闭" × 按钮，都可以关闭该工具窗口。

Navisworks 提供了大量的浏览、查看工具。绝大多数工具可以直接单击 Ribbon 中各工具按钮来打开该工具窗口。例如，通过在"常用"选项卡的"工具"面板中单击"Clash Detective"（碰撞检查）按钮可以打开"Clash Detective"工具窗口。除此之外，对于部分工具窗口，Navisworks 还提供了通过单击选项卡的方式打开该选项卡的工具窗口。所有具有该特性的工具面板均在名

图 2-10

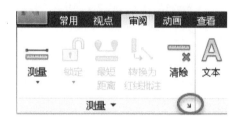

图 2-11

称右侧显示，如图 2-11 所示的斜向下箭头按钮。例如，在"审阅"选项卡的"测量"面板中，通过单击名称栏右侧箭头 ↘ 按钮打开"测量"工具窗口。

本书在后面各章节中还将详细介绍各工具窗口的具体使用，在此不再赘述。

2.1.2　自定义 Navisworks 界面

Navisworks 提供几种不同的预设界面样式，允许用户根据自己的使用习惯在不同的界面间进行切换。Navisworks 还允许用户根据自己的需要自定义界面的显示形式。下面通过具体的操作介绍如何自定义 Navisworks 的界面。

Step01 启动 Navisworks Manage 2019。如图 2-12 所示，单击"应用程序"按钮，在弹出应用程序菜单中选择"打开"→"打开"命令，弹出"打开"对话框，注意确认底部的"文件类型"为"Navisworks（＊.nwd）"格式，浏览至随书资源中的"练习文件\第 2 章\ 2-1.nwd"文件，单击"打开"按钮打开该项目文件，Navisworks 将载入该场景文件，进入到项目查看状态。用户也可以直接单击如图 2-12 所示的快速访问栏中"打开"按钮来打开指定的文件。

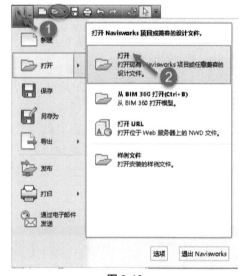

图 2-12

Step02 如图 2-13 所示，单击功能区域右侧"最小化为面板"按钮，Navisworks 将最小化功能区域，继续单击该按钮，Navisworks 将在最小化为选项

图 2-13

卡、最小化为面板标题、最小化为面板按钮和正常完整面板显示之间循环切换。通过切换不同的功能区域显示方式，用户可以得到更大的场景区域空间。图 2-13 中显示了"最小化为面板标题"状态下 Ribbon 的显示方式。用户可以自行在不同的显示方式中进行切换并查看不同的显示模式。

Step03切换至正常完整面板状态。切换至"查看"选项卡,单击"工作空间"面板"载入工作空间"工具下拉按钮,如图 2-14 所示,在弹出的下拉列表中选择"Navisworks 最小"工作空间模式。Navisworks将切换 Navisworks 的界面显示状态。

图 2-14

Step04继续切换至"安全模式"工作空间模式,注意观察该工作空间与上一步中"Navisworks 最小"的界面变化。

Step05单击"载入工作空间"下拉列表中的"更多工作空间"选项,弹出"载入工作空间"对话框,浏览至随书资源中的"练习文件 \ 第 2 章 \ 视点控制界面 . xml"文件,Navisworks 将切换至该界面文件中保存的状态,如图 2-15 所示。注意功能区域中仅有视点、查看和渲染三个选项卡。

图 2-15

Step06在任意选项卡名称上单击鼠标右键,弹出如图 2-16 所示的快捷菜单。在快捷菜单中勾选"显示选项卡",将显示 Navisworks 的全部选项名称列表。Navisworks 会在已显示的选项卡名称前显示 ✓ 。单击"常用"选项卡名称前空白区域以勾选该选项卡,Navisworks 将在功能区域中显示"常用"选项卡。使用类似的方式可以显示或隐藏任意选项卡。

图 2-16

◀)) 提 示

　　在选项卡快捷菜单中,还可以控制当前选项卡中选项组的显示与隐藏。请读者自行尝试该操作。

Step07设置完成后,切换至"查看"选项卡,单击"工作空间"选项组中的"保存工作空间"按钮,如图 2-17 所示，弹出"保存当前工作空间"对话框，浏览至指定位置并输入新的工作空间名称，可以将当前工作界面保存为 xml 格式的文件。

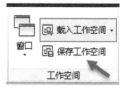

图 2-17

Step08 单击"工作空间"选项组中"窗口"下拉按钮，可以在下拉列表中查看当前 Navisworks 所有可用的工具窗口。如图 2-18 所示，显示或隐藏工具窗口仅需在该列表中勾选或取消勾选相应工具的复选框即可。

◀) 提 示

工具窗口显示与隐藏和 2.1.1 节中介绍的工具窗口的显示与隐藏的效果相同。

Step09 切换工作空间至"Navisworks 标准"模式。如图 2-19 所示，切换至"常用"选项卡，移动鼠标指针至"选择和搜索"面板的名称位置，单击并按住左键不放，拖动该面板至场景区域中任意位置后松开鼠标左键，该工具面板将被移动至场景区域中变为浮动工具面板。

Step10 切换至"视点"选项卡，注意"选择和搜索"面板仍显示在场景区域中，可随时单击该面板上的工具执行相应的命令。移动鼠标指针至该面板并稍做停留，Navisworks 将显示面板控制选项，如图 2-20 所示，单击右上角"将面板返回到功能区"按钮，可将该面板恢复至功能区位置。注意，不论当前选项卡是否为"常用"选项卡，"选择和搜索"工具面板都将返回"常用"选项卡中。

图 2-18

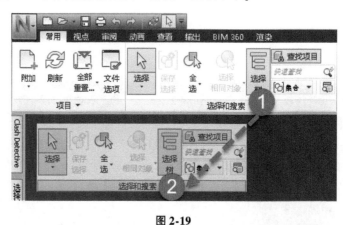

图 2-19

图 2-20

◀) 提 示

浮动工具面板中还提供了"切换方向"按钮，用于在垂直或水平方向显示该面板中的工具。读者可自行尝试该功能。

Step11 移动鼠标指针至场景区域左侧"选择树"隐藏工具窗口位置，Navisworks 将自动展开该工具窗口。单击该工具窗口右上角"自动隐藏" 按钮，使该工具窗口变为固定工具窗口。使用相同的方式修改右侧"属性"工具窗口为固定工具窗口。

Step12 如图 2-21 所示，移动鼠标指针至"选择树"工具窗口标题栏位置，单击并按住鼠标左键，向右侧拖拽鼠标将该面板脱离原位置，Navisworks 将显示上、下、左、右区域指示位置符号。移动鼠标将"选择树"工具窗口拖动至"特性"工具窗口，Navisworks 将高亮显示"特性"面板区域，并给出面板位置指示符号。拖动鼠标至中间选项卡位置符号 处并松开鼠标左键，Navisworks 将以选项卡的形式合并"选择树"与"特性"窗口。结果如图 2-22 所示。

Step13 合并后可分别单击该工具窗口底部的"特性"或"选择树"选项卡，在不同的工具窗口间进行

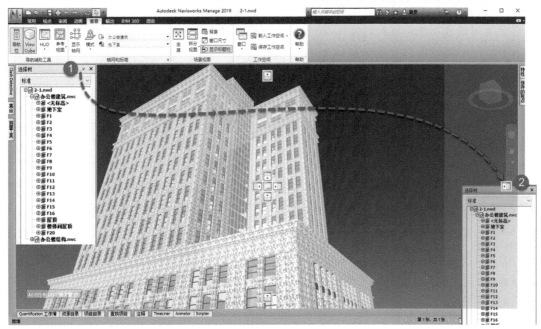

图 2-21

切换。使用类似的方式按住鼠标左键并拖动合并后的工具窗口底部选项卡名称，可重新修改工具窗口的位置。

Step⓮关闭 Navisworks，不保存任何对文件的修改。完成界面修改练习。

Navisworks 默认会将用户工作空间文件保存在 "% LOCALAPPDA-TA% \ Roaming \ Autodesk Navisworks Manage 2019 \ Workspaces" 目录中。以 Windows 7 为例，如果当前用户名为 Adminstrator，则该文件保存在 "C：\ Users \ Adminstrator \ AppData \ Roaming \ Autodesk Na-visworks Manage 2019 \ Workspaces" 目录下。保存在该目录下的工作空间文件，可以出现在 Navisworks 的载入工作空间下拉列表中。

在移动工具窗口时，Navisworks 提供了上、下、左、右及选项卡等几种不同的位置模式，读者可自行尝试不同位置的显示状态。Navisworks提供了强大的工作空间工具，允许用户根据工作习惯自定义任意的工作空间。修改后的工具窗口位置状态可以使用 "保存工作空间" 工具保存为外部的 xml 格式文件。当载入外部工作空间时，Navisworks 将恢复至保存时工具窗口位置状态。

图 2-22

2.1.3　快速访问栏与帮助中心

Navisworks 的快速访问栏可以将经常使用的工具放置在此区域内，便于快速执行和访问该工具。如果需要将功能区的工具放置在快速访问栏，只需在该工具上单击鼠标右键，在弹出的菜单中选择 "添加到快速访问工具栏" 命令即可。例如，切换至 "常用" 选项卡，在 "项目" 选项组中右击 "文件选项" 工具，选择 "添加到快速访问工具栏" 命令，即可在快速访问栏中添加 "文件选项" 工具。从快速访问工具栏中删除指定的工具，如图 2-23 所示，可将鼠标指针移动至该工具处单击鼠标右键，在弹出的快捷菜单中选择 "从快速访问工具栏中删除" 命令即可。

该右键快捷菜单还可以为快速访问栏中各工具添加分隔线，用于更好地对工具进行分组，且可以选择 "在功能区下方显示快速访问工具栏" 命令，将快速访问栏移动至功能区下方。读者可以根据自己的习惯，打造一套属于自己的个性化快速访问栏。

Navisworks 提供了非常完善的帮助文件系统，方便用户在遇到使用困难时查阅相关信息。用户可以随时单击"帮助与信息中心"栏中的  按钮或按〈F1〉键，打开帮助文件查阅相关的帮助。

图 2-23

如果读者是 Autodesk Subscription 用户，还可以单击"登录"按钮，利用 Autodesk Subscription 账号和密码登录至 Autodesk 服务中心。Autodesk 提供了基于云计算概念的 iPAD 浏览工具 Autodesk 360 Glue，要通过云存储与 iPAD 上的 Autodesk 360 Glue 共享文档，则要求用户必须用 Subscription 账号登录后才能使用该功能。

2.2　使用场景文件

Navisworks 是用于浏览和查看 BIM 模型的工具。在 Navisworks 中查看和浏览模型前，首先要做的事即是创建新的场景文件，在场景文件中打开、合并或附加 BIM 模型文件。

2.2.1　认识场景文件

任何时候都可以在 Navisworks 中新建空白场景文件，用于在新的场景文件中组织要查看和浏览的 BIM 数据模型。接下来通过实践操作，说明如何在 Navisworks 中组织和管理场景文件。

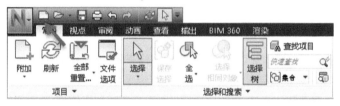

图 2-24

Step01 启动 Navisworks，默认将打开空白场景文件。修改当前工作空间为"Navisworks 标准"工作空间。如图 2-24 所示，单击"应用程序"按钮→"新建"或单击快速访问栏"新建"工具按钮，都将在 Navisworks 中创建新的场景文件。在创建新场景文件的同时，Navisworks 将关闭当前所有已经打开的场景文档。

🔊 提示

如果要同时显示多个 Navisworks 文档，必须启动多个 Navisworks 程序进行查看。

Step02 在"常用"选项卡的"项目"面板中单击"附加"工具，弹出"附加"对话框。如图 2-25 所示，确认该对话框中底部"文件类型"为"Navisworks 缓冲（*.nwc）"格式，浏览至随书资源"练习文件\第 2 章\"，选择"办公楼建筑.nwc"文件，单击"打开"按钮，将该文件附加至当前场景中，如图 2-25 所示。

Step03 移动鼠标指针至屏幕右侧"保存的视点"工具窗口名称栏，稍做停留，Navisworks 将显示该工具窗口。在"保存的视点"工具窗口的空白位置单击鼠标右键，在弹出如图 2-26 所示右键快捷菜单中选择"导入视点"，弹出"导入"对话框。

Step04 浏览至随书资源中的"练习文件\第 2 章\"文件夹，选择"室内视点.xml"文件，单击"打开"按钮导入该视点文件。

图 2-25

🔊 **提示**

> Navisworks 允许用户将任意的视点保存为独立的 xml 格式文件，方便在不同的项目中传递视点信息。本书将在第 3 章介绍视点的相关操作，在此不再赘述。

Step05 再次展开"导入视点"工具窗口，注意此时在工具窗口中显示"室内3D"视点名称。如图 2-27 所示，单击该视点名称，Navisworks 将自动切换至该视点位置。

Step06 注意此时项目中并未出现结构梁等图元。继续使用"附加"工具，浏览打开随书资源"练习文件\第 2 章\办公楼结构 . nwc"文件，Navisworks 将在当前项目中载入办公楼结构模型。注意在当前视图中，将出现结构梁等结构图元，如图 2-28 所示。

图 2-26   图 2-27

Step07 单击快速访问栏的"保存"按钮，由于之前从未保存过当前场景，弹出"另存为"对话框。如图 2-29 所示，单击底部"保存类型"下拉列表，注意 Navisworks 允许用户将当前场景保存为"＊. nwd"或"＊. nwf"两种数据格式。确认当前保存类型为"＊. nwf"格式，浏览至本地硬盘任意位置并输入任意名称后单击"保存"按钮。

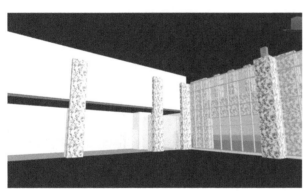

图 2-28   图 2-29

Step08 单击快速访问栏的"打开"按钮，在"打开"对话框中，确认当前文件类型为"Navisworks 缓冲（＊. nwc）"格式文件，浏览随书资源同一目录下的"办公楼结构 . nwc"文件，单击"打开"按钮，注意 Navisworks 将关闭当前场景，单独打开"办公楼结构 . nwc"BIM 模型文件。到此完成本节练习操作。

在 Navisworks 中，要将多个不同的数据文件整合进同一个场景中，用户必须使用附加或合并的方式将外部数据添加至当前场景中，如果使用"打开"工具，Navisworks 将关闭当前场景，在新的场景中打开所选择的模型文件。Navisworks 是单一文档程序，也就是说在一个 Navisworks 程序窗口中，仅允许打开一个场景文件，当打开新的文件时，将关闭当前已经打开的场景文件。

以"附加"的形式添加至当前场景中的模型数据，Navisworks 将保持与所附加外部数据的链接关系，即当外部的模型数据发生变化时，可以使用"常用"选项卡"项目"面板中"刷新"工具进行数据更新；而使用"合并"方式添加至当前场景的数据，Navisworks 将所添加的数据变为当前场景的一部分，当外部数据发生变化时，不会影响已经"合并"至当前场景中的场景数据。

2.2.2 文件格式

不论使用"附加"还是"合并"方式创建的场景文件，Navisworks 都将所有当前场景中的数据保存为场景格式文件。Navisworks 支持两种不同的场景格式文件，分别为 nwf 和 nwd 格式。nwf 格式为 Navisworks Files 文件，使用该文件格式，Navisworks 将保留所有附加至当前场景的原始文件的链接关系，在原始文件修改后，可以使用"常用"选项卡"项目"面板中"刷新"工具载入更新后的场景文件，使得在 Navisworks 中查看的场景为最新的状态；而 nwd 格式文件则为 Navisworks Document 文件，它将所有已载入当前场景中的 BIM 模型文件整合为单一的数据文件，nwd 格式的文件将无法使用"刷新"工具进行更新。

由于 nwf 文件中保持链接关系，在打开 nwf 文件时，Navisworks 将重新访问和读取所有链接至当前场景文件中的原始链接数据，必须确保这些原始数据的目录位置及名称不变，否则 Navisworks 会出现无法找到原始数据的情况。而 nwd 格式由于已经将所有的数据整合，在打开时，将不再读取原数据文件。

在上一节的操作中，处理场景文件时还使用了扩展名为"＊.nwc"格式的文件。nwc 是 Navisworks Catch 文件格式。nwc 格式的数据文件是 Navisworks 用于读取其他模型数据时的中间格式。nwc 格式只能在读取其他软件（如 Autodesk Revit）生成的数据时自动生成，Navisworks 并不能直接保存或修改 nwc 格式的数据文件。Navisworks 原生的几种格式区别见表 2-1。

表 2-1

格式名称	格式介绍
nwc	Navisworks 缓存文件，中间格式，由 Navisworks 自动生成，不可直接修改
nwf	Navisworks 工作文件，保持与 nwc 文件间的链接关系，且将工作过程中的测量、审阅、视点等数据一同保存。绝大多数情况下，在工作过程中使用该文件格式用于及时查看最新的场景模型状态
nwd	Navisworks 数据文件，所有模型数据、过程审阅数据、视点数据等均整合在单一 nwd 文件中，绝大多数情况下在项目发布或过程存档阶段使用该格式

Navisworks 可以生成比自身版本低两个版本的 nwd 和 nwf 格式文件，如 Navisworks 2019 可以保存为 2012 版本、2013 版本或 2014 版本的 nwd 或 nwf 文件，用于与低版本的 Navisworks 进行数据交换。

2.2.3 使用其他格式文件

Navisworks 除直接打开上一节中所述的 nwc、nwf 和 nwd 格式外，还支持多达 60 种不同的文件格式。例如，Navisworks 可以直接打开或附加由 Autodesk Revit 创建的"＊.rvt"格式的项目数据，也可以直接打开由 Sketchup 创建的"＊.skp"格式的数据。Navisworks 内置了这些数据的格式转换器，使得由不同三维软件创建的模型，可以轻松地整合到 Navisworks 的同一场景中。接下来，通过练习理解 Navisworks 读取其他格式模型文件的过程。

Step01 由于本操作中需要对源数据文件进行修改，因此首先复制随书资源中"练习文件 \ 第 2 章 \"目录中"2-2-3"文件夹内的所有数据至本地硬盘任意位置，如 D 盘。该目录中包括场地模型、新建建筑和已有建筑三个不同格式的模型文件以及项目视点，共计 4 个文件。

Step02 启动 Navisworks。使用"打开"工具，弹出"打开"对话框，单击底部"文件类型"下拉列表，如图 2-30 所示。该列表中显示了 Navisworks 所有可以支持的文档格式。在列表中选择"fbx（＊.fbx）"数据格式，浏览至复制后的"2-2-3"文件夹中，选择"场地模型.fbx"文件。

图 2-30

> **提示**
>
> fbx 格式文件为 Autodesk 公司的媒体数据交换文件，包含三维模型、相机视点、灯光布置、材质设定等相关信息。本练习中的 fbx 文件由 Autodesk 3ds Max 创建。

Step03 单击"打开"按钮，由于 fbx 格式文件并非 Navisworks 的原生项目文件，Navisworks 将弹出"载入"对话框，并显示该模型的载入进度状态，如图 2-31 所示。待载入进度条指示为 100% 后，Navisworks 将打开该场地模型文件。

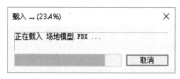

图 2-31

> **提示**
>
> 在载入模型文件后，Navisworks 将在该文件目录下生成与文件名称相同的"＊.nwc"格式数据。

Step04 在"保存的视点"工具窗口的空白位置单击鼠标右键，在弹出的右键快捷菜单中选择"导入视点"选项。导入选择复制后的"2-2-3"文件夹中"项目视点.xml"文件。切换至"全景视点"，Navisworks 将显示上一步中导入的场地模型全貌。

Step05 使用"附加"工具，在"附加"对话框中设置"文件类型"为"Autodesk dwg/dxf（＊.dwg；＊.dxf)"格式，浏览至复制后的"2-2-3"文件夹中"已有建筑.dwg"文件，该文件为使用 AutoCAD 创建的体量模型。单击"打开"按钮，Navisworks 将弹出"载入"对话框，载入完成后，Navisworks 会自动关闭该对话框。

Step06 注意载入后的场景中并未发生明显变化。切换视点至"已有建筑视点"，Navisworks 将放大视图显示，已有建筑模型显示在当前场景中。移动鼠标指针至视图区域，向下滚动鼠标对视图区域进行缩放，注意由于"已有建筑"模型尺寸过小，显示在场地模型基坑位置。

Step07 再次切换至"全景视点"。移动鼠标指针至"选择树"工具窗口名称位置并稍做停留，展开显示"选择树"工具窗口。如图 2-32 所示，首先单击"已有建筑.dwg"文件，然后单击鼠标右键，在弹出的快捷菜单中选择"单位和变换"，打开"单位和变换"对话框。

Step08 如图 2-33 所示，注意在"单位和变换"对话框中，"已有建筑.dwg"模型的尺寸单位为"毫米"。由于原模型文件按单位"米"绘制，修改模型的"单位"为"米"，其他参数默认，单击"确定"按钮退出"单位和变换"对话框。

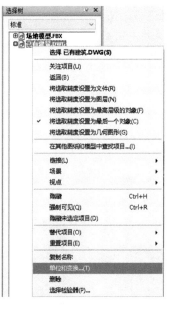

图 2-32

图 2-33

Step09 Navisworks 将按所设置的长度单位缩放原"已有建筑"模型，并自动定位至场地中。注意 Navisworks 将按原 dwg 中图层颜色显示已有建筑模型，默认为蓝色。

Step⑩在"选择树"工具窗口中，用鼠标右键单击"已有建筑.dwg"文件，在弹出的右键快捷菜单中选择"替代项目"→"替代颜色"，弹出"颜色"对话框，如图2-34所示。单击"基本颜色"颜色样例中的"浅灰色"，单击"确定"按钮退出"颜色"对话框，Navisworks将以所选择的颜色显示已有建筑模型。

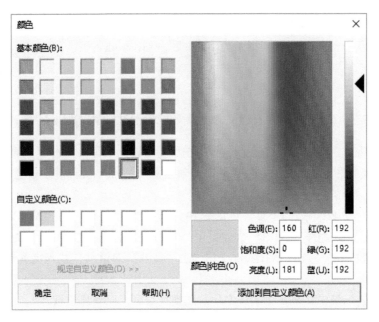

图 2-34

🔊 **提示**

单击"规定自定义颜色"按钮可扩展显示"颜色"对话框，Navisworks允许用户以自定义设置任意颜色。

Step⑪重复上一步操作，用鼠标右键单击"已有建筑.DWG"文件，在弹出的右键快捷菜单中选择"替代项目"→"替代透明度"，弹出"替代透明度"对话框，如图2-35所示。拖动透明度滑块至图中所示位置，单击"确定"按钮退出"替代透明度"对话框。Navisworks将以新的颜色和透明度显示已附加至当前场景中的已有建筑模型。

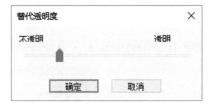

图 2-35

🔊 **提示**

滑块越向右，则对象越透明。

Step⑫继续使用"附加"工具，在"附加"对话框中设置"文件类型"为"Revit（＊.rvt；＊.rfa；＊.rte）"格式，浏览至复制后的"2-2-3"文件夹中"新建建筑.rvt"文件，该文件为使用Autodesk Revit创建的建筑模型文件。单击"打开"按钮，Navisworks将弹出"载入"对话框，载入完成后，Navisworks会自动关闭该对话框。载入后场景如图2-36所示。

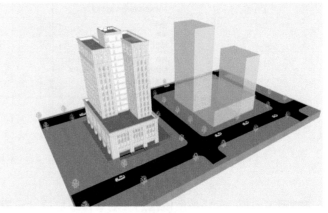

图 2-36

由于 rvt 格式文件较大,因此 Navisworks 将花费数分钟进行文件载入运算。

Step⑬打开复制后的"2-2-3"文件夹,注意在导入场地模型、已有建筑和新建建筑模型的过程中,Navisworks 自动生成与载入原文件名称一致的 nwc 缓存文件,如图 2-37 所示。至此完成本练习,读者根据需要保存当前项目文件。

场地模型　　　场地模型　　　项目视点　　　新建建筑　　　新建建筑　　　已有建筑　　　已有建筑

图 2-37

无论何种格式的文件,在第一次打开时,Navisworks 均在导入该文件时自动生成与源数据文件名称完全一致的 nwc 格式的缓存数据,用于加快场景的载入速度。当再次载入该场景时,Navisworks 将直接读取 nwc 中的数据。

如果源数据中模型发生了调整和变化,用户可以直接将该 nwc 数据删除,再次载入时,Navisworks 会自动重新生成新的 nwc 数据,使 nwc 数据与源文件数据一致。

nwc 数据是源数据的缓存文件。每次载入时,Navisworks 会自动删除旧 nwc 文件、检索源文件且生成新的 nwc 文件,以确保得到最新的结果。

任何载入至场景中的文件或选定的对象,都可以使用"替代项目"中的替代颜色、替代透明度和替代变换对模型进行调整和调节。"替代变换"对话框如图 2-38 所示,通过输入 X、Y、Z 三个方向的变换数值,可以将所选择的对象在 X、Y、Z 三个方向进行移动,用于确定各附加模型间的相对位置关系。

对场景文件进行的任何"替代项目"操作,都可以通过快捷菜单的"重置项目"中各命令进行复位,如图 2-39 所示。选择"重置外观"命令可以重置替代颜色和替代透明度的操作;选择"重置变换"命令可以重置"替代变换"的相对位置变动。限于篇幅,请读者自行尝试该操作。

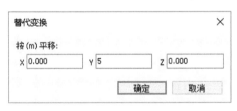

图 2-38

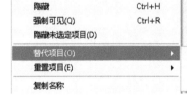 

图 2-39

由于 Navisworks 支持多种不同的数据,在整合数据时,均按各三维数据中坐标原点对齐的方式进行对齐。因此,用户必须协调好原始数据的坐标,才能确保 Navisworks 中各模型的正确位置。

在上一节场地模型、已有建筑和新建建筑的样例中,均以"新建建筑"的项目坐标原点作为原点,分别在 3ds Max 和 AutoCAD 中创建模型,这样才能确保最后整合在 Navisworks 中各模型处于正确的相对空间位置中。

2.3　文件读取器

Navisworks 之所以能够直接读取不同的格式文件,是因为 Navisworks 内置了多种文件读取器。Navisworks 在读取或导入其他格式的数据时,将根据文件读取器的设置把模型转换为 nwc 格式的临时文件。针对不同的文件格式,Navisworks 的文件转换器提供了不同的转换选项,用于控制导入后的模型状态。Navisworks 提供了文件读取器的设置选项,用于控制导入指定格式文件的转换情况。

2.3.1 设置文件读取器

仍以上一节中导入的"已有建筑.dwg"模型为例，说明文件读取器的设置方法。由于本节操作将会对练习数据进行编辑与修改，因此请读者复制随书资源中的"练习文件 \ 第2章 \ 2-3"文件夹至本地硬盘任意位置。

Step01 启动Navisworks。使用"打开"工具打开复制后的"2-3"文件夹中"场地模型.nwd"文件。该文件为第2.2.3节练习中所使用场地模型的nwd格式文件，并包含了全景视点和已有建筑视点两个不同的预设视点。

Step02 如图2-40所示，单击"应用程序"按钮，在弹出的应用程序菜单中，单击右下角"选项"按钮，打开"选项编辑器"对话框。

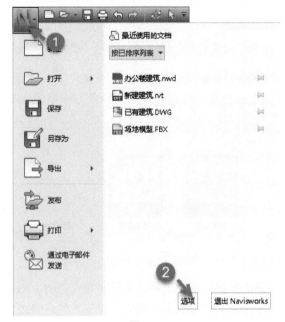

图 2-40

🔊 **提示**

读者也可以按〈F12〉键打开"选项编辑器"对话框。

Step03 如图2-41所示，在"选项编辑器"对话框中，单击左侧"文件读取器"前的⊞按钮，展开文件读取器选项列表，该列表中列举了Navisworks所支持的所有文件类型。单击选择"DWG/DXF"⊖文件类型，右侧选项组中将显示关于读取"DWG/DXF"文件格式时的可调节选项。注意当前"默认十进制单位"选项为"毫米"，即在读取和打开dwg文件时将按毫米读取源文件中的模型。修改"默认十进制单位"为"米"，单击"确定"按钮退出"选项编辑器"对话框。

图 2-41

Step04 使用"附加"工具，附加复制后的"2-3-1"文件夹中"已有建筑.dwg"模型文件。Navisworks在完成转换后，将在场地正确的位置显示该模型。

Step05 用鼠标右键单击"选择树"工具窗口中"已有建筑.dwg"文件，在弹出的右键快捷菜单中选择"单位和变换"，弹出"单位和变换"对话框，注意当前模型文件的"模型单位"已经设置为"米"，即Navisworks在读取dwg格式文件时，已经按"选项编辑器"中的"默认十进制单位"的选项设置转换了dwg格式文件。

Step06 单击"选项编辑器"对话框底部的"导出"按钮，弹出"选择要导出的选项"对话框，如图2-42所示，勾选"DWG/DXF"复选框，Navisworks将默认勾选该文件的所有设置选项。单击"确定"按钮，弹出"另存为"对话框，将对"选项编辑器"中的设置导出为外部的xml格式文件，

图 2-42

⊖ 若无特别情况，软件中显示的数据格式按屏幕显示使用大写或小写，其他情况下，均用小写。

方便在后继项目中使用。本练习中将不对该文件进行保存。

🔊 提 示

如果用户要载入已保存的设置文件，则单击"选项编辑器"对话框底部的"导入"按钮。

Step07 到此已完成文件读取器设置的练习。关闭当前场景文件，不保存对该项目的修改。

在"选项编辑器"对话框中，对于"DWG/DXF"选项的设置不仅仅针对 dwg 的长度单位进行控制，还可以通过"DWG 加载器版本"选项控制要转换的 dwg 文件的版本，以及通过"载入材质定义"的复选框控制是否转换 dwg 文件中设置的材质。任何对文件转换器的修改，都可以通过单击底部的"默认值"选项，将其复位为 Navisworks 的默认值。注意设置文件读取器的参数不仅影响当前场景中导入的模型，还将成为 Navisworks 之后导入数据时的默认设置。

由于文件转换器中的可设置的选项繁多，用户可随时单击"选项编辑器"底部的"帮助"按钮，查看 Navisworks 对每一个设置选项的详细说明，在此不再赘述。

2.3.2　文件转换器插件

Navisworks 可以直接读取和转换大多数常见的三维格式文件。对于特殊类型的模型文档，Navisworks 还提供了文档转换插件。例如，早期的 Navisworks 无法直接读取 Autodesk Revit 的 rvt 格式文件，但通过 Navisworks 的文件转换插件，可以在 Revit 中将 Revit 模型转换生成 nwc 格式的缓存文件。Navisworks 在安装时会自动针对计算机系统中已支持的三维软件添加转换插件。如图 2-43 所示，在 Revit 中安装插件后，会在"附加模块"选项卡"外部工具"选项组的"外部工具"下拉列表中生成"Navisworks 2019"和"Navisworks SwitchBack 2019"两个工具，分别用于将当前 Revit 场景导出为 nwc 格式文件以及从 Navisworks 视图中切换回 Revit。

注意，自 Navisworks 2012 版本开始，Navisworks 已经可以直接读取 rvt 格式的文件，但仍然提供了插件的方式，方便用户在 Revit 中直接导出 nwc 格式的数据。

在安装 Navisworks 时，只有已经安装在本机的三维软件才会

图 2-43

安装文件转换器插件。对于在 Navisworks 之后安装的三维软件，Navisworks 将无法自动安装针对该软件的文件转换器插件。本书第 14 章中将介绍如何通过修复安装的方式，为在 Navisworks 之后安装在本机的三维软件添加 nwc 转换插件。

2.3.3　文件格式简介

除自身的文件格式外，Navisworks 支持 60 多种常见的三维文件格式，可以整合各三维软件的数据进行浏览和查看。为使读者对这些文件格式有所了解，笔者对常用三维数据格式的简要介绍见表 2-2。

表 2-2

文 件 格 式	简　　　介
.3ds，.prj	通用格式，Autodesk 3ds Max、AutoCAD 等软件可导出该格式的文件
*.dri	Intergraph PDS 生成的图元数据
*.asc	由激光测绘软件生成的点云文件
*.model	由 Dassault Catia 生成的三维数据中间转换格式
*.stl	快速原型系统所采用的标准文件格式。3ds Max、AutoCAD 等均可导出该格式
*.dgn	Bentley 公司的 Microstation 的存档格式
.dwf，.dwfx	Autodesk 公司开发的通用三维格式，AutoCAD、Revit 等均可导出该格式

（续）

文件格式	简　　介
.dwg，.dxf	Autodesk 公司 AutoCAD 的存档格式
.fls，.fws	Faro 的激光扫描格式，常用于工业逆向工程领域
*.fbx	Autodesk 公司开发的影视动画产品领域的通用格式，3ds Max、Revit 等均可导出生成该格式
*.ifc	全称工业基础类，由国际协同联盟确立的标准数据交换格式，Revit 等多种软件可导出生成该格式
.igs，.iges	初始化图形交换规范，三维领域的通用格式，用于数据交换。AutoCAD 等绝大多数 CAD 软件均可导出生成该格式
.ipt，.iam，*.ipj	Autodesk Inventor 的零件、装配和工程文件，该软件主要用于三维机械设计领域
*.jt	通用格式文件，主要用于机械制造领域的机械设计和数字机床加工
.pts，.ptx	莱卡的三维激光扫描仪文件，主要用于三维空间测量和点云
*.prt	UG NX 软件的文件格式，该软件目前归 Seimens（西门子）所有，主要用于机械加工制造
.rvt，.rfa，*.rte	Autodesk Revit 的项目、族和样板文件，是 Revit 的专有文件格式
*.sat	通用三维数据交换格式，AutoCAD、Revit 等均可导出该格式
*.skp	国内流行的草图大师 SketchUp 的存档格式
.stp，.step	国际标准的三维数据文件，AutoCAD 等均可导出生成该格式

　　由表 2-2 可以看出，Navisworks 所支持的这些数据中大多数均为国际通用的数据格式，几乎所有的三维软件都支持以上一种或几种不同的三维数据格式。因此，Navisworks 有能力读取和支持几乎所有的三维软件系统生成三维模型数据，并进行整合。

　　注意，不论任何形式的三维数据格式，Navisworks 都将生成与源文件名称相同的 nwc 格式的数据文件，以加快模型的处理速度。

本 章 小 结

　　本章介绍了 Navisworks 的操作界面及界面的自定义方式。界面是认识软件的基础，读者应在操作中熟悉 Navisworks 中各工具所在的选项卡和位置。Navisworks 除支持自身的 nwc、nwf 和 nwd 等格式外，还支持多种不同的数据格式，这些三维数据格式都将通过生成 nwc 格式的中间格式后整合到 Navisworks 的场景文件中。Navisworks 允许用户自定义文件读取器，且可以对不同系统生成的文件在场景中通过变换和替代的方式进行调整，以满足不同文件的整合要求。

　　下一章将继续深入学习 Navisworks 中的浏览和查看的操作。

在 Navisworks 中整合完成场景模型后，首先要做的事就是浏览和查看模型。Navisworks 提供了多种视图浏览和查看的工具，通过使用这些工具，用户可以根据需要的方式对视图进行查看。

3.1 显示控制

在 Navisworks 中，用户可以根据需要对 Navisworks 的显示进行控制。例如，更改场景的背景颜色，控制对象的可见性，并使用剖切的形式查看模型内部的状态。

3.1.1 控制显示背景

在场景浏览时，合适的背景可以让 Navisworks 中的三维建筑模型显得更加真实。Navisworks 中默认显示纯黑色的背景，用户可以通过 Navisworks 提供的背景设置来修改场景中的背景颜色。

下面通过操作，说明如何控制 Navisworks 的背景显示。

Step01 启动 Navisworks。打开随书资源中的"练习文件 \ 第 3 章 \ 3-1-1. nwd"文件，在当前场景文件中显示了办公楼的外观模型。在"查看"选项卡的"工作空间"面板中确认"载入工作空间"为"Navisworks 标准"。

Step02 注意当前场景的背景显示为黑色。在视图区域空白位置单击鼠标右键，如图 3-1 所示，在弹出的右键快捷菜单中选择"背景"，弹出"背景设置"对话框。

Step03 如图 3-2 所示，单击"背景设置"对话框中的"模型"下拉列表，该列表中包括"单色""渐变""地平线"三种背景选项。选择"地平线"，背景颜色中将允许设置天空颜色、地平线天空颜色（靠近地面部分的天空边界颜色）、地平线地面颜色（靠近天空部分的地面边界颜色）、地面颜色几个不同部位的颜色。单击颜色按钮（如"天空颜色"按钮），弹出颜色选择列表，允许用户指定各部位的颜色设置。本例中均采用默认值，单击"确定"按钮应用该背景设置。

图 3-1

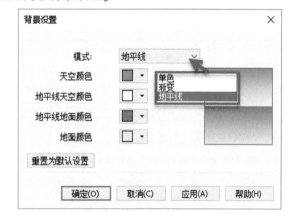

图 3-2

🔊 提 示

任何时候单击"重置为默认设置"按钮，均可将颜色设置为 Navisworks 各选项的默认值。

Step04 读者可尝试"渐变"和"单色"两个不同选项下的背景设置，在此不再赘述。关闭该文件，不保存对文件的修改。

除使用鼠标右键外，在"查看"选项卡的"场景视图"面板中单击"背景"工具，也可以打开"背景设置"对话框。

设置场景背景后，该设置会随文档一并保存至 nwd 或 nwf 文件中。当重新打开该设置背景后的 nwd 或 nwf 文件时，Navisworks 会显示已设置的背景状态。注意，背景的设置仅影响当前场景的文件，不会影响其他场景中背景的设置。

3.1.2 模型显示方式

Navisworks 提供了几种不同的显示控制方式，分别为线框、隐藏线、着色和完全渲染几种不同的形式，另外还可以控制模型中实体、线、点的显示。下面将详细介绍如何在 Navisworks 中控制场景模型的显示方式。

Step01启动 Navisworks。打开随书资源中的"练习文件\第 3 章\3-1-2. nwd"文件，即打开办公楼场景模型。

Step02展开"选择树"工具窗口，如图 3-3 所示，单击"3-1-2. nwd"场景文件前的田按钮展开该项目，注意当前项目由"3-1-1. nwd"和"剖面-Ⅰ. dwg"两个文件组成。

Step03展开"保存的视点"工具窗口，单击"立面视角"视点，切换至该视点，Navisworks 将显示该办公楼的立面视角，并在场景中显示该办公楼的剖面图样。该图样为导入的"剖面-Ⅰ. dwg"文件中的 dwg 剖面图样。

Step04切换至"剖面局部"视点，将放大显示剖面图样中局部细节。切换至"视点"选项卡，如图 3-4 所示，单击"渲染样式"面板中编号为⑤的"文字"A 按钮，使该按钮处于关闭状态，注意 Navisworks 将隐藏"剖面-Ⅰ. dwg"文件中所有文字图元。

图 3-3

图 3-4

Step05通过"保存的视点"工具窗口切换至"立面视角"视点。在如图 3-4 所示的"渲染样式"面板中单击编号为②的"线" 按钮，使该按钮处于关闭状态，Navisworks 将隐藏当前场景中所有线图元。再次单击"线"按钮，Navisworks 将再次在视图中显示线图元。

Step06在如图 3-4 所示的面板中单击编号为①的"曲面" 按钮，关闭该选项，Navisworks 将隐藏当前场景中办公楼部分的实体模型图元；再次单击该按钮，办公楼部分的模型图元将显示在视图中。

Step07通过"保存的视点"工具窗口切换至"外部视角"。注意当前视图中仅显示了办公楼部分的三维模型图元。

🔊 提示

"外部视角"中，已经通过视点设置隐藏了 dwg 项目，因此不论"渲染样式"面板中的"线"按钮是否激活，在该视图中均不会显示线图元。

Step08切换至"视点"选项卡，如图 3-5 所示，单击"渲染样式"面板中的"模式"下拉列表，注意当前模式为"完全渲染"模式。在该模式下，Navisworks 将用最好的质量显示当前场景中的所有几何图元，并显示所有模型中已指定的材质。

Step09切换至"查看"选项卡。如图 3-6 所示，单击"场景视图"面板中的"拆分视图"工具下拉列表，在列表中单击"垂直拆分"选项，Navisworks 将当前场景垂直拆分为两个独立的窗口，结果如图 3-7 所示。Navisworks 允许用户自定义各窗口中的视点位置和显示方式。

图 3-5

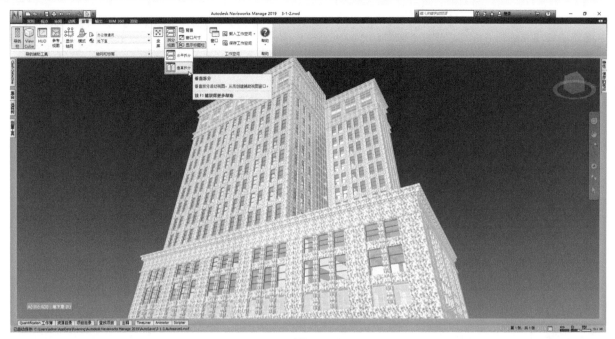

图 3-6

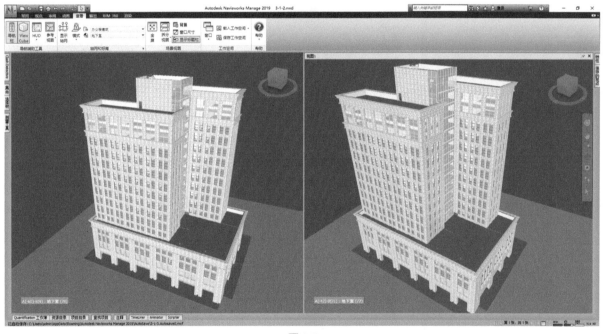

图 3-7

◀)) 提 示

单击视口标题右上角的"关闭"按钮，可关闭拆分后的视口。

Step⑩单击右侧标题"视图 1"，激活该视图。继续使用"拆分视图"→"水平拆分"的方式，将该视图拆分为水平方向两个视图，如图 3-8 所示。

Step⑪单击左侧主视图的任意空白背景位置，激活该视图。切换至"视点"选项卡，单击"渲染样式"面板中的"模式"下拉列表，在列表中选择"着色"显示模式，注意，Navisworks将以着色的方式显示该模型。使用类似的方式，依次激活"视图 1"和"视图 2"，分别设置"视图 1"和"视图 2"的显示模式为"线框"和"隐藏线"，各视图最终显示如图 3-9 所示。

Step⑫分别激活"视图 1"和"视图 2"，向上滚动鼠标滚轮，适当放大"视图 1"和"视图 2"，对比线框模式与隐藏线模式的差异。线框模式下，模型将仅显示所有边界，所有线条之间不再进行消隐计算；而隐

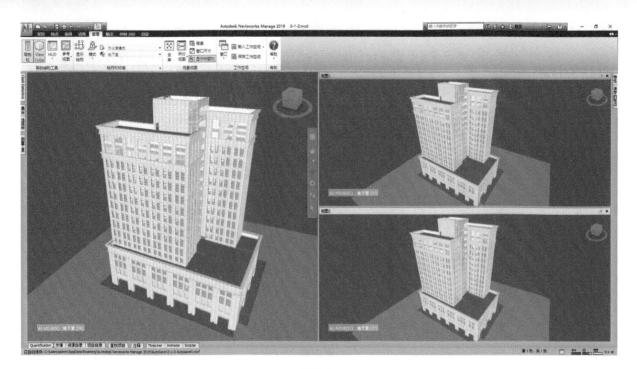

图 3-8

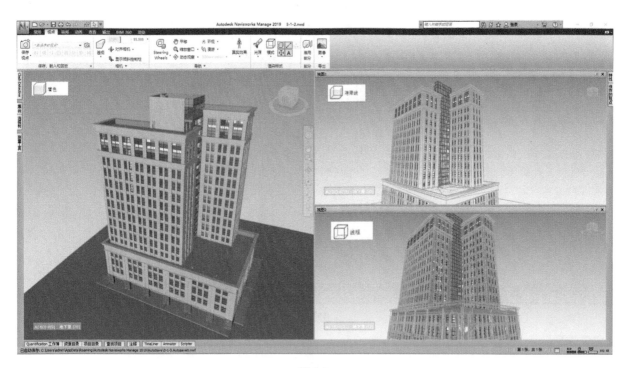

图 3-9

藏线模式将以"面"的方式显示模型，且对被遮挡的"面"进行消隐计算。

Step⑬到此完成本操作。关闭 Navisworks，不保存对场景的修改。

所有导入 Navisworks 中的图元都转换为 Navisworks 支持的三维面、线、点和文字图元。Navisworks 通过"视点"选项卡"渲染样式"面板中的曲面、线、点、文字来控制这些图元的显示状态。如图 3-10 所示，对于导入的圆、弧等图元，Navisworks 还可以利用"捕捉点"按钮来控制是否显示这些图元的圆心，方便在测量时捕捉到该圆心。注意，当导入的 dwg 文件中包含"点"图元时，渲染样式面板中"点"选项将自动激活，用于控制是否显示 dwg 文件中的"点"图元。

在第 2 章介绍的文件读取器设置中，用户可以针对 dwg/dxf 文件中的图元选择是否在读入时转换文件中的点并转换捕捉点，如图 3-11 所示。如果取消勾选"转换点"和"转换捕捉点"，则在读取 dwg 文件时，Navisworks 将忽略文件中的点图元和捕捉点图元，这些图元在场景中将不可见。

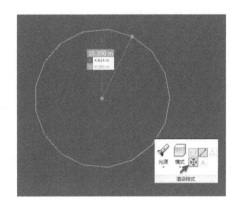

图 3-10

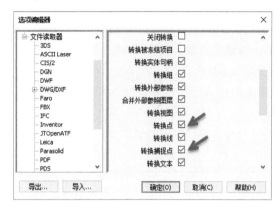

图 3-11

Navisworks 提供了完全渲染、着色、隐藏线和线框四种模式，用于显示场景中的模型。线框模式将仅显示图元的边界，Navisworks 中所有的三维模型图元均以三角网形式显示，因此该模式下可以看到三角形的边界。在线框模式下，图元无"前后"关系，不会进行遮挡计算。隐藏线模式是在线框模式的基础上进行遮挡运算，使得模型具备远近及相互遮挡的关系。着色模式是通过使用已设置的照明和已应用的材质、环境设置（如背景）对场景的几何图形进行着色，其显示效果较隐藏线模式更进一步。完全渲染将显示模型中所有已设置的材质状态，是 Navisworks 实时显示中效果最好的状态。不论是何种模式，图元均显示通过 Navisworks 自带的渲染器进行运算后输出至场景视图中。Navisworks 2019 中提供了 Autodesk Rendering 和 Presenter 两种不同的材质设置，不论采用何种材质设置，Navisworks 均将显示已设置的材质。在本操作练习中，由于仅使用了 Revit 自带的材质定义，因此仅在 Autodesk Rendering 模式下才会显示材质。本书第 7 章中将介绍渲染器的相关知识，请读者参考该部分内容。

注意不论是何种模式，Navisworks 中的模型均已根据场景中灯光的远近具有明暗显示关系。

3.1.3 轴网

轴网是建筑工程中最常用的定位方式。如果导入的三维模型文件是 Autodesk Revit 创建的模型，用户还可以在视图中控制轴网的显示。下面通过练习操作，学习如何控制 Navisworks 中轴网的显示。

Step01打开随书资源中的"练习文件 \ 第 3 章 \ 3-1-3. nwd"场景文件。该文件中显示了办公楼项目完整的建筑专业和结构专业模型。该模型由 Autodesk Revit 创建。

Step02通过"保存的视点"工具窗口，切换至"地下室内部视点"视图。如图 3-12 所示，在"查看"选项卡的"轴网和标高"面板中单击"显示轴网"按钮，使该工具处于激活状态，此时可以激活文件中的轴网在场景中显示。

图 3-12

Step03如图 3-13 所示，单击"轴网和标高"面板中"模式"下拉列表，在列表中单击"下方"选项，Navisworks 将在视点下方以绿色方式显示轴网。

Step04尝试切换至"上方"模式，Navisworks 将在视点上方以红色方式显示轴网。切换至"上方和下方"模式，则 Navisworks 将在视点的上方和下方分别显示轴网。如图 3-14 所示。注意，"下方"的绿色视点中，最右侧的轴网编号为"A"。

Step05 通过"保存的视点"工具窗口，切换至"7F内部视点"，该视点位于办公楼7楼内部位置。Navisworks将在当前的上方和下方分别以红色和绿色显示轴网。注意下方绿色轴网最右侧起始轴网为B，而不再显示A轴网。

Step06 如图3-15所示，单击"轴网和标高"面板中"活动网格"下拉列表，该列表中显示了当前场景中所有包含标高和轴网的模型文件。切换至"办公楼结构"文件，该文件是当前场景中由Revit创建的结构模型。注意轴网最右侧的起始轴网已显示为"A"。

图 3-13

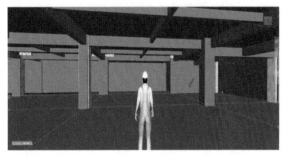

图 3-14

图 3-15

🔊 **提 示**

由于在办公楼建筑文件中，定义了在F7标高中将不再显示用于地下室定位的轴网A，因此"办公楼建筑"模式下不再显示A轴网。而结构模型中未做此定义，因此将显示项目中所有的轴网。

Step07 单击"应用程序"按钮，在菜单中单击"选项"按钮，弹出"选项编辑器"对话框，如图3-16所示，展开"界面"列表，单击"轴网"选项，可以在右侧分别设置轴网在上方和下方位置的显示颜色，注意Navisworks默认将下方位置标高显示为绿色，上方位置标高显示为红色。该对话框中还可以设置轴网名称的字体大小，默认为12。本操作中不修改任何设置，单击"确定"按钮退出对话框。

Step08 切换至"外部整体"视点。如图3-17所示，设置"轴网和标高"选项组中的轴网显示"模式"为"固定"，确认"活动网格"为"办公楼建筑"文件，切换标高至"F7"，注意Navisworks将在所选择的标高位置显示轴网。请读者自行尝试切换至其他可用标高，注意轴网显示位置的变化。

图 3-16

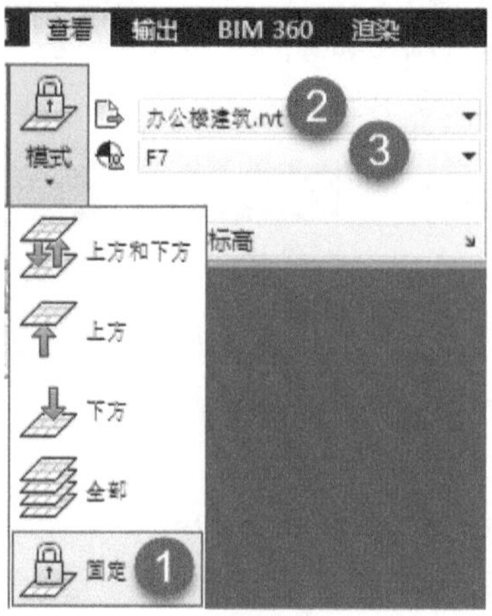

图 3-17

Step09切换至"正立面透视"视点。注意 Navisworks 继承了上一步中轴网显示的设置方式。如图 3-18 所示,切换至"视点"选项卡,单击"相机"面板中"透视"下拉列表,在列表中单击"正视"选项,修改当前视点的显示方式为"正视"。

Step10注意 Navisworks 将在该视图中显示标高,结果如图 3-19所示。

图 3-18

Step11切换至"1F 内部视点"。设置轴网的显示模式为"下方"。如图 3-20 所示,在"查看"选项卡的"导航辅助"面板中单击"HUD"下拉列表,在列表中勾选"轴网位置"复选框。

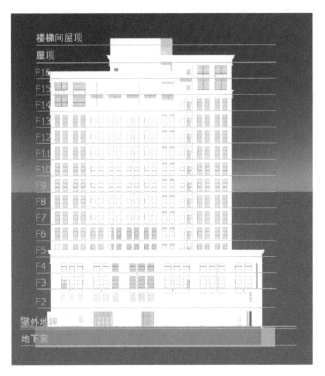

图 3-19

图 3-20

Step12该选项将打开当前视点相机所在位置的轴网标识。如图 3-21 所示,Navisworks 将显示当前视点距离最近的各轴网距离以及与最近标高高度的距离。Navisworks 以"轴网名称(距离)-轴网名称(距离):标高(距离)"的方式显示该 HUD。如图 3-21 所示,HUD 的数字代表当前视点位置在距离 C 轴 3m、距离 5 轴 2m、高度为 F1 标高之上 1m。

Step⑬ HUD 的显示与当前场景中的默认单位有关。按〈F12〉键，打开"选项编辑器"对话框。如图 3-22 所示，展开"界面"列表，单击"显示单位"选项，当前场景中"长度单位"设置为"米"。单击"长度单位"下拉列表，设置长度单位为"毫米"，单击"确定"按钮退出"选项编辑器"对话框。

图 3-21

图 3-22

Step⑭如图 3-23 所示，Navisworks 将以"毫米"为单位重新显示 HUD 轴网和标高指示器。切换至"7F 内部视点"，注意 HUD 中各参数的变化。至此完成 Navisworks 中标高和轴网的控制。关闭 Navisworks，不保存对场景文件的修改。

注意 HUD 指示器仅显示当前视点中所在位置的坐标指示，并不显示所选择对象图元的坐标。"轴网和标高"面板的"模式"下拉列表中提供了"上方和下方""上方""下方""全部"及"固定"几种不同的轴网位置显示方式。除"固定"模式与所选择的标高位置有关外，其余均与视点所在的位置有关。它们共同定义显示于视点的上方或下方的轴网位置和状态。

图 3-23

3.2 控制视点

Navisworks 提供了多种视图浏览控制工具。Navisworks 的视图浏览工具主要用于控制视点的位置，通过视点的调整与修订改变视图的显示状态。Navisworks 的视点分为静态视点和动态视点两类。

3.2.1 相机视点

Navisworks 中的每一个视图均通过相机视图显示。相机视图是通过相机位置以及相机观察目标点的位置进行控制。可以将 Navisworks 的视图理解为在三维空间中对场景中的模型在固定的位置进行拍照，相机所在的位置和相机对焦的位置决定了视图最终的显示形式。

下面通过操作练习，理解 Navisworks 中相机的设置方式。

Step① 打开随书资源中的"练习文件 \ 第 3 章 \ 3-2-1. nwd"场景文件。通过"保存的视点"工具窗口切换至"相机位置"视点。该视点显示了模型外部位置的视图。

Step② 按〈F12〉键，弹出"选项编辑器"对话框。展开"界面"，单击"显示单位"选项，修改"长度单位"为"毫米"，其他参数默认。单击"确定"按钮退出"选项编辑器"对话框。

图 3-24

Step③ 切换至"查看"选项卡，关闭"显示轴网"选项，隐藏场景中标高和轴网。如图 3-24 所示，单击"导航辅助工具"面板中的"HUD"下拉列表,在列表中勾选"XYZ轴"和"位置读数器"复选框,取消勾选"轴网位置"复选框。

Step04 Navisworks 将在右下角显示 X、Y、Z 轴方向提示以及相机所在坐标位置,如图 3-25 所示。由于在第 2)步中已将 Navisworks 的长度单位设置为"毫米",因此在位置读数器中以"mm"为单位来显示相机所在的坐标位置。

Step05 切换至"视点"选项卡。如图 3-26 所示,确认当前视图的相机显示模式为"透视"。移动鼠标指针至"相机"选项卡的"视野"控制栏,注意当前视野值为"88.66°";单击并按住鼠标左键,左右拖动鼠标可以减小或增大视野值。当减小视野值时,Navisworks 将放大显示模型;当增大视野值时,Navisworks 将缩小显示模型。注意右下方相机位置的坐标指示器,不论如何调节视野的范围,相机所在的位置均未发生变化。视野类似于调节相机的焦距:当增大焦距时,对象被放大,而视野变小;当缩小焦距时,对象被缩小,而视野变大。

◀) 提示

Navisworks 的有效视野范围为 0.1°~180°,但过大的视野角度将引起模型的形变。为模拟真实的人眼效果,建议视野角度值的设置不超过 100°。

Step06 单击"相机"面板名称右侧黑色三角形按钮,展开"相机"面板。如图 3-27 所示,该面板中详细记录了相机所在的空间坐标位置以及观察点的空间位置。分别修改位置和观察点的 X、Y、Z 值,注意视图中模型显示的变化。

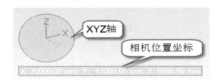

图 3-25

图 3-26

图 3-27

◀) 提示

"相机位置坐标"HUD 提示中显示的坐标值与"位置"的坐标值一致。当修改"位置"坐标值时,"相机位置坐标"HUD 提示中的坐标值也会发生相应变化。

Step07 单击"保存的视点"工具窗口中的"相机位置"视点,Navisworks 将修改相机位置至视点保存的状态。展开"相机"面板,修改"滚动"值为"30°",按〈Enter〉键确认该值,该值将修改相机与水平面的夹角。Navisworks 将倾斜显示视图中的模型,如图 3-28 所示。注意 Navisworks 会同时旋转"XYZ 轴"HUD 指示器,以

图 3-28

指示模型的坐标方向，同时相机位置的坐标值并未发生变化。

Step08移动鼠标指针至场景任意空白位置，单击鼠标右键，如图 3-29 所示，在弹出的右键快捷菜单中选择"视点"→"编辑当前视点"命令，弹出"编辑视点-当前视图"对话框。

Step09如图 3-30 所示，在"编辑视点-当前视图"对话框中，用户可以对相机进行进一步设置。例如，对于相机的垂直视野、垂直偏移、水平偏移、镜头挤压比等。其中，垂直视野与水平视野类似，用于控制相机在垂直的视野范围；垂直偏移及水平偏移用于控制相机的目标点与"观察点"坐标的偏移百分比；镜头挤压用于控制画面水平与垂直的显示比，通常该值设置为"1"，用于显示模型的真实状态。请读者自行修改上述各参数值，完成后，单击"确定"按钮退出对话框，并观察对显示画面的影响。

Step10到此完成相机位置控制练习。关闭该场景文件，不保存对文件的修改。

Navisworks 中的静态场景均由相机视点构成，对场景的任何修改或变化，均将修改相机的视点设置。

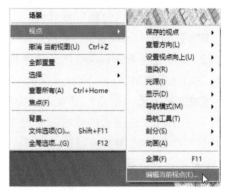

图 3-29

图 3-30

3.2.2 使用辅助视点定位

除手动确定视点和相机的观察位置外，Navisworks 还提供了几种辅助相机定位的方式，用于快速确定相机的位置，将视图切换至指定的相机位置。

下面通过练习，说明快速辅助视点定位的使用方法。

Step01打开随书资源中"练习文件 \ 第 3 章 \ 3-2-2. nwd"场景文件。通过"保存的视点"工具窗口切换至"外部视角"视点位置。确认打开"XYZ 轴"HUD 指示器，注意当前场景中 X、Y、Z 轴的方向。

Step02切换至"视点"选项卡，如图 3-31 所示，单击"相机"面板中的视图显示方式，将其设置为"正视"，即在视图中不显示透视关系；单击"对齐相机"下拉列表，在该列表中显示了几种用于快速定位相机位置的方式，在列表中单击"X 排列"选项，即将当前视图相机对齐至沿场景 X 轴方向，Navisworks 将显示该场景的 X 方向立面视图。

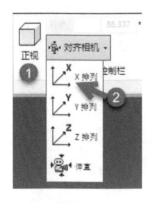

图 3-31

🔊 **提 示**

用户可以通过"XYZ 轴"HUD 指示器辨别场景 X、Y、Z 轴的方向。

Step03 重复使用"对齐相机"下拉列表中"Y 排列"和"Z 排列"工具,注意当前视图中模型显示的变化。

提示

"对齐相机"下拉列表中的"伸直"选项用于在三维视点中当相机发生较小的倾斜(13°以内)时,可以自动对正相机的 Z 方向,使之保持在 Z 方向上。该功能类似于将相机中的"滚动"值设置为 0°。

Step04 通过"保存的视点"工具窗口切换至"1F 内部视点"。如图 3-32 所示,在"查看"选项卡的"导航辅助工具"面板中单击"参考视图"下拉列表,在列表中勾选"平面视图"复选框,Navisworks 将显示"平面视图"工具窗口。

提示

用户可以按〈Ctrl + F9〉快捷键打开或关闭该工具窗口。

Step05 如图 3-33 所示,在"平面视图"工具窗口中,默认将显示当前场景平面视图的缩略图,并用图中所示的白色三角形指示当前场景视图中的相机位置,用于参考定位。

图 3-32

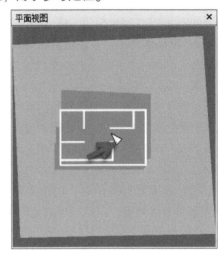

图 3-33

提示

用户可以像其他工具窗口一样调整"平面视图"工具窗口的位置,请读者自行尝试。

Step06 使用"保存的视点"工具窗口,切换至"外部视角"视图,注意空位点的位置变化,用于显示当前视图的相机位置。

Step07 再次切换至"1F 内部视点"。移动鼠标指针至"平面视图"工具窗口,当移动至"定位"点时,鼠标指针将变为平移状态;按住鼠标左键,上、下、左、右拖动鼠标可以调整当前视点的位置,注意当调整视点位置时,当前场景视图将随视点位置的变化而变化,移动到指定位置后松开鼠标左键,Navisworks 将显示当前视点位置的场景视图。

Step08 再次切换至"1F 内部视点",Navisworks 将恢复相机的位置。移动鼠标指针至"平面视图"工具窗口,在缩略图中任意位置单击鼠标右键,弹出"平面视图"快捷菜单,

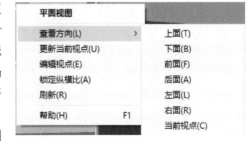

图 3-34

如图 3-34 所示。该菜单中可以修改缩略图的查看方向、相机位置等内容。移动鼠标指针至"查看方向"选项,在弹出的列表中选择"当前视点",则 Navisworks 将当前视点显示在缩略图中。

Step09 重复上一步骤,在快捷菜单中单击"编辑视点"选项,弹出"编辑视点-平面视图"对话框。该对话框的设置内容与 3.2.1 节中视点相机对话框的设置完全相同,但它改变的是平面视图缩略图中视点

的设置。修改后，用户可以使用"更新当前视点"选项将缩略图中的视点设置应用于场景视图中。

Step⑩将"平面视图"的查看方向设置为"上面"；切换当前视点为"1F 内部视点"。重复第 4 步操作步骤，在"参考视图"工具列表中同时勾选"剖面视图"复选框。打开"剖面视图"工具窗口，在该工具窗口中，默认显示沿 X 方向的立面视图。如图 3-35 所示，Navisworks 将在原"平面视图"工具窗口底部通过添加窗口名称选项卡的方式生成新的工具窗口。

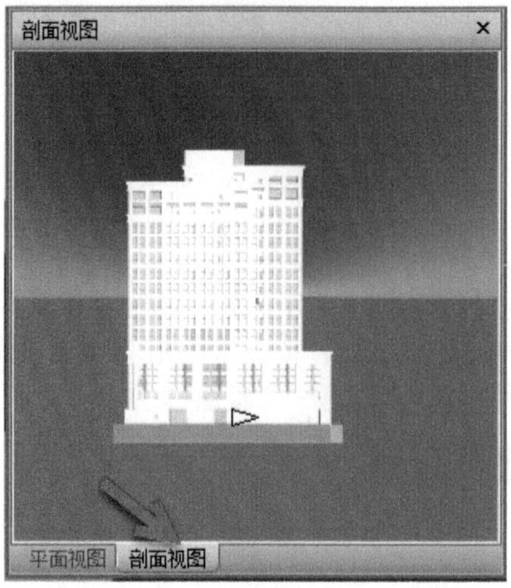

◄)) 提 示

用户可以按〈Ctrl + F10〉快捷键，打开或关闭"剖面视图"工具窗口。

Step⑪在"剖面视图"工具窗口中，Navisworks 将显示当前视点在当前场景中高度方向的位置。通过移动该视点的高度位置，调整当前视图的显示。剖面视图的控制方式与平面视图的控制方式完全相同，在此不再赘述。

图 3-35

Step⑫到此完成当前操作练习。关闭当前场景文件，不保存对文件的修改。

使用"对齐相机"工具，用户可以将相机快速对齐至当前场景的 X、Y、Z 方向平面位置。这些位置类似于通常所述的平面、立面、侧面视图。利用 Navisworks 所提供平面视图和剖面视图的缩略图不仅可以指示当前场景视图中所在的观察位置，还可以将当前场景快速定位至任何需要的位置。在 Navisworks 中，用户可以利用平面视图和剖面视图两个不同的缩略图对当前场景视图的显示进行快速定位。一般来说，利用平面视图来确定视点相机的 X、Y 位置，而利用剖面视图确定视点相机的 Z 位置，实现快速展示的目的。

当打开"查看"选项卡中"标高和轴网"选项组的"显示轴网"选项时，平面视图和剖面视图的缩略图中还将显示场景的标高和轴网信息，用于实现快速定位。注意，开启"显示轴网"选项后，必须在缩略图中通过重新切换查看位置，以更新当前缩略图中的标高和轴网显示。

3.2.3 控制场景的灯光

Navisworks 通过调整场景中的光源来正确显示场景视图中模型间的光线遮挡与明暗关系，可以更加逼真地展示场景的构件。Navisworks 提供了 4 种场景灯光的显示方式，用于控制场景显示中的光线。这 4 种模式分别为全光源、场景光源、头光源和无光源。

如图 3-36 所示，切换至"视点"选项卡，在"视点样式"面板的"光源"下拉列表中，用户可以对当前场景中使用的光源照明情况进行控制。

各不同的光源照明情况详述见表 3-1。

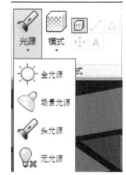

图 3-36

表 3-1

光源形式	光源详述	图 标
全光源	在 Navisworks 中可以使用 Presenter 或 Autodesk Rendering 为场景自定义添加光源。当使用全光源模式时，场景中的模型将使用这些自定义的光源进行照明显示。在未添加自定义的光源时，将采用场景中默认的场景光源进行显示。注意，使用该模式时，模型显示将包含"场景光源"中的光源设置	 ☼
场景光源	该光源来自于导入的 Revit 或 AutoCAD 模型源文件中默认放置的光源。一般来说，导入的 Revit 模型中，将包含地理位置的日照光源信息	
头光源	Navisworks 会自动沿当前相机的视点方向生成一束平行光，用于照亮当前相机视点周围的模型。注意，此时场景中的光源亮度由"文件选项"对话框中"环境"及"头光源"亮度决定	
无光源	关闭场景中所有已定义的光源照明，采用平面渲染的方式显示当前场景视图。该模式下将不再有场景明亮的层次显示。该模式的场景视图显示效果较差	

Navisworks 允许用户对场景中默认的光源亮度进行设置。在场景中任意空白位置单击鼠标右键,在弹出如图 3-37 所示的快捷菜单中选择"文件选项",弹出"文件选项"对话框。

在"文件选项"对话框中,切换至"头光源"选项卡,如图3-38所示,可以对场景中使用"头光源"照明时的默认环境光源及头光源的亮度通过左右拖动调节滑块的方式进行调节。

在如图 3-39 所示的"文件选项"对话框中,切换至"场景光源"选项卡,还可以对场景光源照明时的环境光源亮度通过左右拖动滑块的方式进行调节。

由于在 Navisworks Manage 2019 中包含 Autodesk Rendering 和 Presenter 两种不同的场景渲染显示模式,因此其默认场景光源的设置略有不同。"文件选项"对话框中头光源及场景光源的默认亮度调节部分选项仅在 Presenter 场景显示模式及 Autodesk Rendering 的"着色"模式下起作用。要精确控制场景中的光源,用户还可以通过 Autodesk Rendering 或 Presenter 工具窗口,对场景中的光源进行更详细的调节,详见本书第 7 章相关内容。

图 3-37

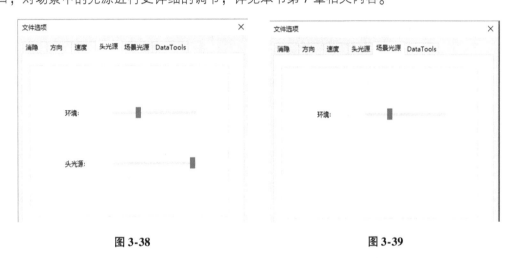

图 3-38 　　　　　　　　　　　　　　 图 3-39

3.3　浏览视图

上一节中介绍了如何控制 Navisworks 场景中的视点。Navisworks 中各视点均利用相机位置和视点位置进行控制。除上一节中介绍的视点控制方法外,Navisworks 还提供了一系列的视点浏览导航控制工具,用于对视图进行缩放、旋转、漫游等导航操作,从而更加灵活地控制场景视图的显示。

3.3.1　静态导航控制

Navisworks 提供了场景缩放、平移、动态观察等多个导航工具,用于场景中视点的控制。使用这些工具可以轻松地修正场景中的相机位置。下面通过具体操作,学习这几个工具的基本使用情况。

Step01打开随书资源中的"练习文件 \ 第 3 章 \ 3-3-1.nwd"场景文件。通过"保存的视点"工具窗口,切换至"外部视角"视点位置。

Step02确认开启"位置读数器" HUD 显示,注意当前 HUD 的视点位置。切换至"视点"选项卡,如图 3-40 所示,在"导航"面板中提供了多种场景显示控制工具。单击"平移" 工具,移动鼠标指针至场景视图中,鼠标指针变为 时,单击并按住鼠标左键不放,上、下、左、右拖动鼠标,

图 3-40

当前场景中的视图将沿鼠标拖动的方向平移。注意相机"位置读数器" HUD 指示器中,当前场景相机的位置会随鼠标的移动而变化。视图平移后,松开鼠标左键,完成对视图的平移操作。

Step03再次切换至"外部视角"视点位置。单击"导航"面板中"缩放窗口"下拉列表,如图 3-41 所示,

将显示缩放模式工具列表。在列表中单击"缩放窗口" 🔍 选项，进入场景缩放模式。移动鼠标指针至场景视图中，鼠标指针变为 🔍 。

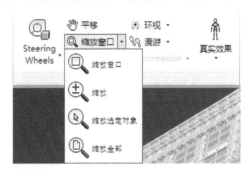

图 3-41

Step04 在需要放大显示的区域内单击并按住鼠标左键作为缩放区域的起点，按住鼠标左键不放，拖动鼠标以对角线的方式绘制缩放范围框，如图 3-42 所示。到达窗口终点后松开鼠标左键完成绘制，Navisworks 将缩放显示范围框内的模型范围。注意相机"位置读数器"HUD 指示器中当前场景相机的位置会随鼠标的移动而变化。

图 3-42

🔊 **提 示**

在绘制窗口起点时，如果按住〈Ctrl〉键，则将以起点位置作为缩放窗口的中心位置绘制缩放范围框。

Step05 限于篇幅，本书将不再详述其他几种缩放工具的详细操作步骤，请各位读者自行尝试。

Step06 切换至"外部视角"视点。如图 3-43 所示，单击"导航"面板中"动态观察"下拉列表，在列表中选择"动态观察" 🔄 工具，进入场景动态观察模式。移动鼠标指针至场景视图中，鼠标指针变

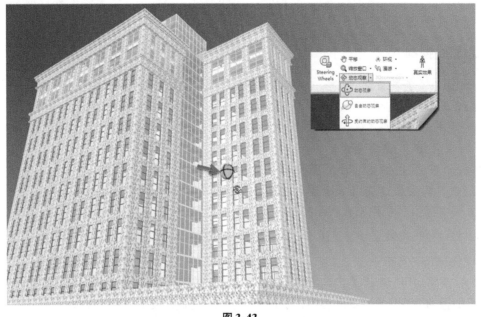

图 3-43

为 ⬚。在场景视图中任意位置按住鼠标左键不放，将出现旋转中心符号 ⨁，上、下、左、右移动鼠标，场景将以该中心符号位置为轴心旋转，完成后松开鼠标左键，当前场景将显示为旋转后的状态。注意，相机"位置读数器" HUD 指示器中当前场景相机的位置会随鼠标的移动而变化。

注意，在使用动态观察工具时，Navisworks 将始终围绕着轴心点进行视图的旋转。用户可以使用"焦点"工具改变动态观察的轴心点。

Step07 如图 3-44 所示，在"导航"面板的"环视"下拉列表中单击"焦点"工具，鼠标指针变为 ⬚。移动鼠标指针至将要设置为轴心点的位置，单击该位置放置焦点，Navisworks 将自动平移视图，使该位置位于场景视图的中心。注意，放置焦点并不会改变相机"位置读数器" HUD 指示器中当前场景相机位置坐标。

图 3-44

Step08 再次使用"动态观察"工具，注意，此时 Navisworks 将以上一步中设置的焦点作为旋转的中心点。

Step09 切换至"外部视角"视点位置。使用如图 3-44 所示的"观察"工具，鼠标指针变为 ⬚，进入观察模式。单击选择场景视图中任意幕墙构件，Navisworks 将自动调整相机位置，使所选择的构件以正视图的方式显示在场景视图中心。注意，相机"位置读数器" HUD 指示器中当前场景相机的位置会随所选择构件的变化而变化。

Step10 切换至"1F 内部视点"位置。使用如图 3-44 所示的"环视"工具，鼠标指针变为 ⬚，进入环视观察状态。在场景视图中按住鼠标左键不放，上、下、左、右拖动鼠标，Navisworks 将以当前相机位置为轴心旋转视图。该状态相当于保持相机的位置固定不动，旋转相机的观察方向在各方向上自由观察，类似于人站立后四处查看。注意相机"位置读数器" HUD 指示器中当前场景相机的位置不会变化。

Step11 到此完成场景控制的基本操作练习。关闭当前场景，不保存对文件的修改。

Navisworks 通过平移、缩放、动态观察、环视、观察、焦点等工具，快速地对当前视图进行调整，以满足各类查看和展示的要求。

在动态观察工具的下拉列表中，Navisworks 还提供了自由动态观察和受约束的动态观察两种其他的动态观察方式。其中，自由动态观察与动态观察的使用非常类似，其区别仅在于动态观察工具将保持相机的倾斜角度始终为 0°，而自由动态观察不受这一限制；受约束的动态观察将保持相机的 Z 轴方向不变，而沿水平方向自由旋转相机。

Navisworks 还提供了"导航栏"，用于快速执行上述视图查看工具。打开"导航栏"，可通过在"查看"选项卡的"导航辅助工具"面板中单击"导航栏"按钮，默认"导航栏"位于场景视图右侧，如图 3-45 所示，用户可以直接单击"导航栏"上的工具访问相应的导航工具。

图 3-45

41

读者应通过操作，熟练掌握上述各类查看工具的使用方式。注意，Navisworks 中绝大多数的观察工具都将改变相机的位置。

3.3.2 使用鼠标和导航盘

除使用上述观察工具外，用户还可以通过配合使用键盘及鼠标中键实现场景视图视点的控制。在任意时刻，向上或向下滚动鼠标滚轮，将以鼠标指针所在位置为中心，放大或缩小场景视图；按下鼠标滚轮不放，左右拖动鼠标，将进入平移模式；按下鼠标中键同时按住〈Shift〉键不放，将进入动态观察模式。注意，按住〈Shift〉键与鼠标中键进入动态观察模式时，将以鼠标指针所在位置为轴心进行视图旋转。

Navisworks 还提供了导航盘，用于执行对场景视图视点的修改。如图 3-46 所示，单击"导航"面板中的"Steering Wheels"下拉列表，查看 Navisworks 导航盘工具列表。

如图 3-47 所示，从左至右分别为查看对象导航盘、巡视建筑导航盘

图 3-46

和全导航导航盘。启用导航盘后，导航盘会跟随鼠标指针。以"查看对象导航盘"为例，使用"缩放"功能。移动鼠标指针至"缩放"选项，该选项将高亮显示，单击并按住鼠标左键，Navisworks 将进入缩放模式，上下拖动鼠标，将以鼠标指针所在位置为轴心对场景视图进行缩放。缩放完成后，松开鼠标左键将退出缩放模式，返回导航盘状态。

退出导航盘，可单击导航盘右上角"关闭"按钮或按〈Esc〉键即可。Navisworks 的导航盘分为大、小两种形态。如图 3-48 所示，分别为查看对象（小）、巡视建筑（小）、全导航（小）状态的导航盘。在小导航盘状态下，鼠标指针移动至不同的区域内，导航盘下方将以文字的方式提示该区域的功能。选择适当的区域后，单击并按住鼠标左键执行相应功能。各导航盘大、小状态的功能与第 3.3.1 节中介绍的功能完全一致，请读者自行尝试各导航盘的不同使用方式，在此不再赘述。

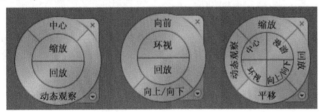

图 3-47

图 3-48

灵活使用鼠标中键、导航工具及导航盘，可以实现对场景视图的灵活控制。这些工具是 Navisworks 的操作基础，各位读者务必灵活掌握。

3.3.3 漫游和飞行

Navisworks 提供了漫游和飞行模式，用于在场景中进行动态漫游浏览。使用漫游功能，可以模拟在场景中漫步观察的对象和视角，用于检视在行走路线过程中的图元。

下面通过练习，说明在 Navisworks 中使用漫游和飞行的一般过程。

Step01 打开随书资源中的"练习文件 \ 第 3 章 \ 3-3-3. nwd"场景文件。切换至"1F 内部视点"，注意，当前视点中出现虚拟人物，用于对比人物与周边场景的关系。如图 3-49 所示，在"视点"选项卡的"导航"选项组中单击"漫游"下拉列表，在列表中选择"漫游"工具，进入漫游查看模式；单击"导航"选项组中的"真实效果"下拉列表，在列表中勾选"碰

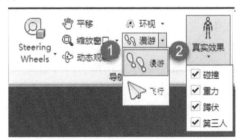

图 3-49

撞""重力""蹲伏"和"第三人"复选框。

开启漫游模式的默认快捷键为〈Ctrl + 1〉。

Step02移动鼠标指针至场景视图中，鼠标指针变为 📦。按住鼠标左键不放，前后拖动鼠标，将实现在场景中前后行走；左右拖动鼠标，将实现场景旋转。如图 3-50 所示，向上拖动鼠标，虚拟人物行走至外部幕墙位置，由于勾选了真实效果中的"碰撞"复选框，因此当行走至幕墙位置时，将与幕墙图元发生"碰撞"，无法穿越幕墙图元；由于勾选了"真实效果"中"蹲伏"复选框，当 Navisworks 检测到虚拟人物与幕墙发生"碰撞"时将自动"蹲伏"以尝试用蹲伏的方式从模型对象底部通过。

Step03单击"导航"面板中的"真实"下拉列表，取消勾选"碰撞"复选框，注意，当取消"碰撞"复选框时，"重力""蹲伏"复选框也将取消。

Step04使用"漫游"工具，继续向前方行走，由于不再检测碰撞，虚拟人物将穿过幕墙，到达室外。按住鼠标左键不放，向左拖动鼠标旋转视点，直到面向建筑立面方向后松开鼠标左键。

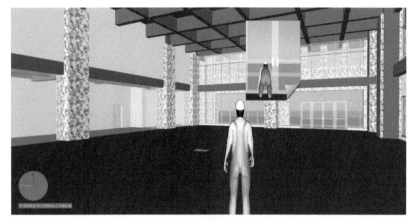

图 3-50

Step05使用"平移"工具，垂直向下平移视图，直到"5F 裙楼平台"位置。注意平移视图时，虚拟人物将保持在视点位置不变。

Step06向下滚动鼠标滚轮，向下环视视图直到显示虚拟人物的上方视图。继续使用"漫游"工具，将视点移动至"裙楼平台"上方。向上滚动鼠标滚轮，向上环视视图，恢复至正常浏览位置。由于此时并未开启"重力"，因此虚拟人物将"漂浮"于平台之上。勾选"真实效果"中"重力"复选框，继续向前移动视点，注意，Navisworks 将产生"重力"效果，使虚拟人物回落至裙楼屋面之上，并沿屋面表面行走。

勾选"重力"复选框后，由于 Navisworks 需要检测虚拟人物是否落于对象表面，因此将自动勾选"碰撞"复选框。

Step07单击"导航"面板名称右侧黑色向下三角形，展开该面板。如图 3-51 所示，用户可以通过设置"线速度"和"角速度"来控制漫游时前进的线速度和旋转视图时的角速度。

图 3-51

线速度与角速度的单位与 Navisworks 在"选项编辑器"对话框中单位的设置相关。若要临时加快漫游速度，用户可在行走的同时按住〈Shift〉键。

Step08 如图 3-52 所示，在"视点"选项卡的"保存、载入和回放"面板中单击"编辑当前视点"工具，弹出"编辑视点-当前视图"对话框。该对话框与第 3.2.1 节中的"编辑视点"对话框相同。

Step09 单击底部碰撞"设置"按钮，打开"碰撞"设置对话框，如图 3-53 所示。该对话框中，"碰撞""重力""自动蹲伏"复选框与"导航"面板中"真实效果"设置相同；"观察器"中的"半径"和"高度"用于确定碰撞的"虚拟碰撞量"的高度和半径，在本操作中采用默认值不变；"视觉偏移"用于设定视点位置位于"虚拟碰撞量"高度之下的距离。图 3-53 可以理解为，在漫游观察时，人的高度为 1800mm，宽度为600mm（半径为 300mm），"眼睛"位于 1650mm 的位置。确认勾选"第三人"选项组中的"启用"和"自动缩放"复选框，设置"体现"下拉列表为"工地女性"，观察该第三人的位置为"距离"该虚拟人物"3000mm"的位置。设置完成后单击"确定"按钮两次退出"编辑视点"对话框。

图 3-52　　　　　　　　　　　　　图 3-53

> **🔊 提　示**
>
> 在"编辑视点"对话框的"运动"选项组中，用户还可以对漫游和飞行的线速度进行设置。第三人设置中"距离"仅用于显示虚拟人物在场景中显示的相对位置，该值不会改变视点的实际位置；角度用于控制显示该人物的角度方向。

Step10 注意此时场景中第三人已替换为"工地女性"的形象，用于模拟该建筑在使用时的场景。

Step11 单击"导航"面板中的"漫游"下拉列表，在列表中选择"飞行"，切换至"飞行"模式，鼠标指针变为 🔾 。按住鼠标左键，Navisworks 将自动前进，上、下、左、右拖动鼠标用于改变飞行的方向。

> **🔊 提　示**
>
> 在飞行模式下，"真实效果"中的"重力"选项将变为不可用。

Step12 到此完成漫游和飞行操作，关闭当前场景，不保存对文件的修改。

Navisworks 中漫游和飞行的控制方式非常相似。不同之处除了"重力"选项外，还在于漫游模式下，按住鼠标不动，视点不会自动前进，前后拖动鼠标将指定前进的方向，左右拖动鼠标将改变环视的方向；而在飞行模式下，只要按下鼠标左键，视点便会自动前进，拖动鼠标将改变飞行的方向。另外，在漫游模式下，Navisworks 将始终保持场景视图 Z 方向向上（即保持相机的倾角为 0°），而在飞行模式下则可以按任意角度查看场景。在漫游模式下，上下滚动鼠标，将变为环视方式。

在漫游模式下，除使用鼠标控制行走的方向外，还可以使用键盘上、下、左、右方向箭头控制行走的方向和视点方向。

Navisworks 中所有的第三人形象模型都存储于安装目录"Avatars"之下。以 Windows 7 系统为例，在"C：\ Program Files \ Autodesk \ Navisworks Manage 2019 \ Avatars"目录下可以找到多个子文件夹，每个文件夹中均包含序号为 01～05 的同名 nwd 格式模型文件，该文件即第三人的虚拟碰撞文件。Navisworks 允许用户自定义第三人形象模型。用户可以在该目录下新建任意文件夹，使用 AutoCAD 或 Revit 等模型创建工具创建虚拟第三人形象模型后，利用 Navisworks 将第三人形象模型转换为 nwd 格式的数据，并采用与文件夹相同的名称命名为 nwd 格式的数据保存在新建的文件夹中即可。Navisworks 将在设置第三人称时允许用户设置自定义的虚拟形象。唯一需要注意的是在创建虚拟第三人形象模型时，虚拟形象的 X、Y、Z 方向应适合在 Navisworks 场景中第三人形象的显示。

Navisworks 中自定义的虚拟碰撞尺寸用于检测场景中行走的路线是否存在干涉。例如，对于地下车库，通常需要保持净高在 2.4m 以上。为确保在行车路线上的净高，用户可以设置虚拟碰撞高度为 2.4m，当在场景中漫游时，Navisworks 检测到净高不足 2.4m 的位置，将停止漫游或蹲伏，这样可以确定该位置的净高已小于碰撞高度，需要对此特别关注。该功能在模拟设备安装路径、空间净高等情形时将特别实用。读者可以自行尝试该功能在实际工作中的应用场景。

3.3.4 剖切视图

为清晰表达场景模型的内部或局部位置的关系，用户可以采用通过剖切的方式来展示场景模型的内部细节。

Navisworks 提供了两种场景剖分的方式：平面剖分和长方体剖分。平面剖分是在前、后、左、右、上、下几个方向上，利用指定位置的平面对模型进行剖切，长方体剖分则是在模型的六个方向上同时启用剖切的一种方式。下面通过操作掌握两种不同的剖分方式。

Step01 打开随书资源中的"练习文件 \ 第 3 章 \ 3-3-4. nwd"场景文件，切换至"外部整体"视角。如图 3-54 所示，在"视点"选项卡的"剖分"面板中单击"启用剖分"按钮，激活剖分模式。Navisworks 将采用默认的方式剖切显示场景模型。

Step02 Navisworks 将显示"剖分工具"上下文选项卡，切换至"剖分工具"选项卡，如图 3-55 所示。确认剖分"模式"为"平面"。

图 3-54   图 3-55

Step03 如图 3-56 所示，单击"平面设置"面板中的"当前：平面 1"下拉列表，该列表中显示了所有可以激活的剖面，确认"平面 1"前灯光处于激活状态；单击"对齐"下拉列表，在列表中选择"顶部"，即剖切平面与场景模型顶部对齐。Navisworks 将沿水平方向剖切模型。

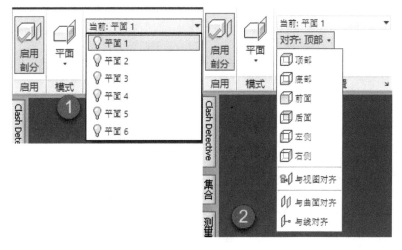

图 3-56

Step04 单击"变换"面板中的"移动"工具，如图 3-57 所示，进入剖切面编辑状态，Navisworks 将在场景视图中显示当前剖切平面，并显示具有指示 X、Y、Z 方向的编辑控件；移动鼠标指针至编辑控件蓝色 Z 轴位置，按住鼠标左键并拖动光标，可沿 Z 轴方向移动当前剖切平面，Navisworks 将根据当前剖切平面的位置显示部分场景。

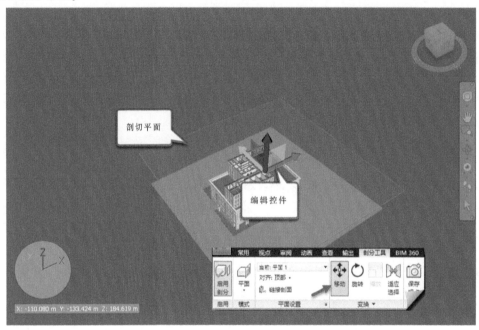

图 3-57

📢 **提 示**

编辑控件中红、绿、蓝色分别代表 X、Y、Z 坐标方向。

Step05 单击"变换"面板中的"旋转"工具，进入剖切平面旋转模式。Navisworks 将显示旋转编辑控件。单击"变换"面板标题栏黑色向下三角形展开该面板，如图 3-58 所示，面板中将显示剖切平面变换的控制参数。注意，"位置"行中"Z"值为上一步操作中剖切平面沿 Z 方向移动的高度值；修改"旋转"行"Y"值为"30"，即将剖切平面沿 Y 轴旋转 30°，按〈Enter〉键确认，注意此时 Navisworks 将沿剖切平面绕 Y 轴旋转 30°，以倾斜的方式剖切图元。

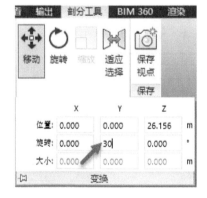

图 3-58

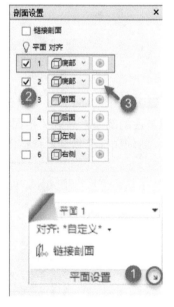

图 3-59

Step06 单击"平面设置"面板标题栏向右按钮，打开"剖面设置"工具窗口，如图 3-59 所示，勾选"平面 2"复选框，激活该剖切平面；设置该平面的对齐方式为"前面"，单击该平面名称数字，将该剖切平面设置为当前工作平面。注意，Navisworks 将在上一步剖切显示的基础上，在模型中添加新的剖切平面。

Step07 重复操作步骤 4），使用平移变换工具，沿绿色 Y 轴方向平移当前剖切平面至适当位置。注意，

Navisworks 仅会平移当前"平面 2"的位置，并不会改变"平面 1"的位置，变换工具仅对当前激活的剖切平面起作用。

要同时变换所有已激活的剖切平面，用户可激活"平面设置"面板中"链接剖面"选项。

Step⑧在"剖面设置"工具窗口中，取消勾选"平面 1"复选框，Navisworks 将在场景视图中关闭该平面的剖切功能，仅保留"平面 2"的剖切结果。

Step⑨单击选择任意窗图元，如图 3-60 所示，单击"变换"面板中的"适应选择"工具，Navisworks 将自动移动剖切平面至所选择图元边缘位置，以精确剖切显示该图元。

图 3-60

Step⑩如图 3-61 所示，单击"模式"面板中的"模式"下拉列表，在列表中设置当前剖分方式为"长方体"，Navisworks 将以长方体的方式剖分模型。

Step⑪单击"变换"面板中的"缩放"工具，出现缩放编辑控件，可以沿各轴方向对长方体的大小进行缩放；展开"变换"面板，还可以通过输入"X""Y""Z"方向上"大小"值的方式来精确控制长方体剖切框的大小和范围。配合使用"移动"和"旋转"变换工具，用户可以实现精确的剖分。图 3-62 为使用长方体剖分工具得到的局部剖切。

Step⑫单击"启用"面板中"启用剖分"按钮，关闭剖切功能。Navisworks 将关闭所有已激活的剖切设置。至此完成本练习，关闭当前场景文件，不保存对场景的修改。

使用剖分工具可以灵活地展示场景内部被隐藏的部位。启用剖分时，仅在激活"移动""旋转"或"缩放"工具后，Navisworks 才会显示剖切平面或剖切长方体位置。当再次单击已激活的上述工具后，Navisworks 将隐藏剖切平面及变换编辑控件。

Navisworks 提供了"移动""旋转"和"缩放"共 3 种不同的变换编辑控件。不同的变换编辑控件具有不同的外观样式，如图 3-63 所示，从左至右分别为"移动""旋转"和"缩放"编辑控件。当鼠标指针移动至编辑控件的各坐标轴位置并按住鼠标左键不放拖动鼠标时，将沿该坐标轴编辑剖切平面；当移动至坐标轴间平面区域位置时，将沿该平面方向编辑剖切平面。

图 3-61

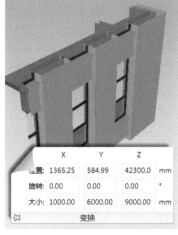

图 3-62

图 3-63

3.4 保存视点

在 Navisworks 中，任意状态下的场景视图均可保存为独立的视点，以便于随时切换至指定视点。

Navisworks提供了"保存的视点"工具窗口，用于对保存的视点进行分类和管理。合理运用和管理视点，在场景浏览及协作过程中将起到事半功倍的效果。

Navisworks 中还可以将场景漫游和浏览的过程记录为动画，以动态呈现浏览过程。

3.4.1 保存视点

Navisworks 可以将当前场景视图的浏览状态保存为视点，存储当前场景中视点的位置、方向、视野设置、剖分状态、场景视图渲染模式、显示模式等，还可以存储当前场景视图中图元隐藏状态。

下面通过操作，掌握如何在 Navisworks 中保存和管理视点。

Step01 打开随书资源中的"练习文件\第3章\3-4-1.nwd"场景文件。如图 3-64 所示，单击"视点"选项卡的"保存、载入和回放"面板名称右侧斜向右箭头，打开"保存的视点"工具窗口。

图 3-64

在"保存的视点"工具窗口中，默认已保存了"外部视角"视点。单击该名称将切换至该视点。

> ◀) **提示**
>
> 打开"保存的视点"工具窗口的默认快捷键为〈Ctrl + F11〉。

Step02 配合使用缩放窗口工具，适当放大办公楼塔楼任意位置。单击"保存、载入和回放"面板中的"保存视点"工具，将当前视图状态保存为新的视点。Navisworks 将在"保存的视点"工具窗口中添加该视点，默认该视点的名称为"视图"。

Step03 在"保存的视点"工具窗口中，用鼠标右键单击上一步中创建的"视图"视点，在弹出如图 3-65 所示的快捷菜单中选择"重命名"，进入视点名称编辑模式，输入该视点的名称为"外部放大"，按〈Enter〉键确认输入，Navisworks 将重命名该视点名称。

Step04 在"保存的视点"工具窗口中，单击"外部视角"视点名称，Navisworks 将自动切换至"外部视角"视点；再次单击"外部放大"视点名称，Navisworks 将自动切换至上一步中创建的视点位置。

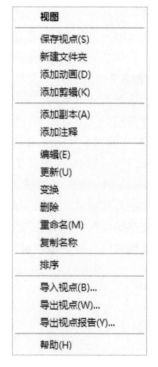

> ◀) **提示**
>
> 切换视点后，"保存、载入和回放"面板的视点列表中将显示为当前保存的视点名称。

Step05 用鼠标右键单击"外部视角"视点，在弹出的快捷菜单中选择"添加副本"命令，Navisworks 将以"外部视角"为基础复制创建新的视点名称。重命名该视点名称为"裙楼建筑"。

图 3-65

Step06 切换至"裙楼建筑"视点。如图 3-66 所示，单击"View Cube"右上顶点位置，将视点切换至该轴侧位置。

图 3-66

如 Navisworks 未显示"View Cube",请在"查看"选项卡的"导航辅助工具"面板中单击"View Cube"以显示该辅助工具。

Step07 在"视点"选项卡的"渲染样式"面板中单击"光源"下拉列表,切换当前视点光源照明模式为"全光源"。

Step08 在"视点"选项卡的"剖分"面板中单击"启用剖分"工具,激活 Navisworks 剖分模式。确认"剖分工具"上下文选项卡中的剖分模式为"平面";当前激活的平面为"平面 1";对齐的位置为"顶部";展开"变换"面板,修改"Z"方向的"位置"值为"14000mm",调整该剖切平面于裙楼位置,如图 3-67 所示。

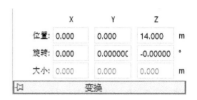

图 3-67

在输入"位置"变换值时,注意 Navisworks 当前的单位设置,如果单位为"m",则请输入"14"。

Step09 适当放大视图,在视图中完全显示裙楼剖分。用鼠标右键单击"裙楼建筑"视点,在弹出的快捷菜单中选择"更新"。Navisworks 将"裙楼建筑"视点更新为当前场景视点状态。

在此操作中如果单击"裙楼建筑",将切换至该视点,对场景中所有的视图操作将丢失。

Step10 切换至"外部视角"视点,再次切换至上一步中创建的"裙楼建筑"视点,注意 Navisworks 已经在"裙楼建筑"视点中记录视图的剖分状态,且渲染样式面板中"光源"的设置也已随视点的切换而变化。

Step11 重复第 5) 步操作,为"裙楼建筑"创建视图副本并将其重命名为"裙楼结构"。如图 3-68 所示,展开"选择树"工具窗口,确认"选择树"的显示模式为"标准";展开"3-4-1.nwd"场景文件,该场景文件由"办公楼建筑.nwc"和"办公楼结构.nwc"两部分构成;鼠标右键单击"办公楼建筑.nwc"文件,在弹出的快捷菜单中选择"隐藏"命令,在场景中隐藏该模型文件。

Step12 切换至"裙楼建筑"视点,注意由于在上一步中隐藏了"办公楼建筑"部分模型,因此在该视点中办公楼建筑剖分也被隐藏。

Step13 切换至"裙楼结构"视点。用鼠标右键单击"裙楼结构",在弹出的快捷菜单中选择"编辑",打开"编辑视点-裙楼结构"对话框。如图 3-69 所示,勾选"保存的属性"选项组中的"隐藏项目/强制项目"和"替代材质"复选框,该选项组将在视点中保存当前视点的图元隐藏状态。完成后单击"确定"按钮退出"编辑视点-裙楼结构"对话框。

Step14 切换至"裙

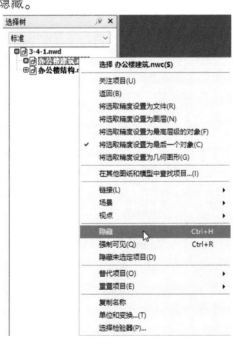

图 3-68

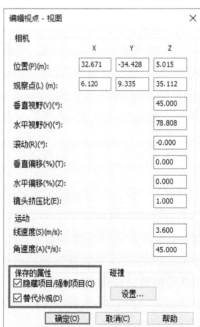

图 3-69

楼建筑"视点。重复第11)步操作，取消"办公楼建筑.nwc"的隐藏选项。

Step⑮右击"裙楼建筑"视点，在弹出的快捷菜单中选择"更新"，将当前视图状态更新至"裙楼建筑"视点。重复第13)步操作，勾选"裙楼建筑"视点的"隐藏项目/强制项目"和"替代材质"复选框，完成后单击"确定"按钮退出对话框。

Step⑯再次在"裙楼结构"与"裙楼建筑"视点间进行切换，注意Navisworks已在各视点中保存了相应的隐藏设置。

Step⑰移动鼠标指针至"保存的视点"工具窗口任意空白位置，单击鼠标右键，在弹出的快捷菜单中选择"新建文件夹"选项，Navisworks将在"保存的视点"中创建文件夹，将该文件夹重命名为"裙楼视点"。

Step⑱配合〈Ctrl〉键，分别单击"裙楼结构"与"裙楼建筑"，选择两视点；单击"裙楼结构"视点符号 ⬡ 并按住鼠标左键，将其拖拽至上步创建的"裙楼视点"文件夹中，Navisworks将重新显示各视点，如图3-70所示。

Step⑲移动鼠标指针至"保存的视点"工具窗口的任意空白位置，单击鼠标右键，在弹出的快捷菜单中选择"导出视点"，弹出"导出"对话框；输入导出视点文件的名称，单击"保存"按钮将其保存为xml格式的视点文件。

图3-70

Step⑳"新建"空白场景文件，不保存对当前项目的更改。重新打开随书资源中的"练习文件\第3章\3-4-1.nwd"场景文件。移动鼠标指针至"保存的视点"工具窗口任意空白位置，单击鼠标右键，弹出的快捷菜单中选择"导入视点"命令，弹出"导入"对话框；浏览至上一步骤中保存的xml格式视点文件或随书资源中的"练习文件\第3章\3-4-1.xml"场景文件，Navisworks将导入所有已保存的视点文件及视点文件夹。

Step㉑分别切换至所有已导入的视点文件，观察导入后各视点的状态。至此完成视点保存练习，关闭场景文件，不保存对文件的修改。

在Navisworks中，允许存在重名的视点文件名称，因此用户需要注意管理导入的视点文件与当前场景中视点文件的名称规则。Navisworks通过保存视点文件并保存为外部视点文件的方式，实现多人间的协作。任何检视Navisworks场景的人、任何专业均可以将发现的问题保存于独立的视点文件中，最终再由主文件将所有的视点文件通过导入的方式整合在主体场景模型中，实现快速切换各保存的视点。

图3-71

图3-71为项目中不同专业、不同部位通过利用文件夹管理的方式组织场景中各视图，用于记录在综合协调时发现的各类问题。合理组织文件夹结构以及命名的规则，在Navisworks工作中具有非常重要的意义。

在默认情况下，保存的视图中并未保存当前视图图元的隐藏、强制状态。如图3-72所示，用户可以在"选项编辑器"对话框中，通过修改"视点默认值"选项来控制各保存视点默认是否勾选"保存隐藏项目/强制项目属性"和"替代材质"复选框，当保存视点时，还可以通过勾选"替代线速度"复选框，设置是否以"默认线速度"替代原"编辑视点"对话框中设置的线速度值。

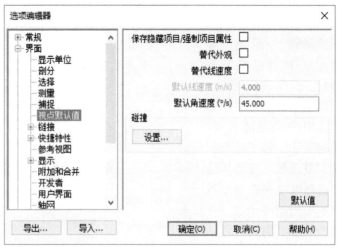

图3-72

在该对话框中，用户还可以设置默认"碰撞"虚拟对象的高度、半径、是否开启重力等。其操作方式与本章上一节中介绍的内容类似，在此不再赘述。

3.4.2 浏览动画

Navisworks 还支持浏览动画，用于记录场景浏览的过程。使用动画可以直观、动态地展示场景，再现场景的浏览过程。

Navisworks 支持录制动画和视点动画两种方式。录制动画即使用 Navisworks 提供的动画录制工具，将场景浏览的过程自动记录；而视点动画则根据已保存的视点自动添加过场动画，在各视点间实现动画过渡。

下面通过操作，学习 Navisworks 中浏览动画的生成方式。

Step01 打开随书资源中的 "练习文件 \ 第 3 章 \ 3-4-2. nwd" 场景文件。切换至 "1F 内部视点"，在该视点中显示了红色漫游轨迹。

提 示

该轨迹使用 Navisworks 的 "红线批注" 工具添加生成。本书在第 6 章中将详细介绍该工具的使用。

Step02 如图 3-74 所示，在 "视点" 选项卡的 "录制、载入和回放" 面板中单击 "保存视点" 下拉列表，在列表中单击 "录制" 选项，进入录制模式，注意 "录制、载入和回放" 面板中的 "停止" "暂停" 按钮变为可用。

Step03 使用漫游工具，确认勾选 "真实效果" 中 "碰撞" "重力" 和 "蹲伏" 复选框；沿路径线方向向 1F 走廊位置漫游。完成后单击如图 3-73 所示的 "停止" 按钮停止录制。

Step04 Navisworks 将自动在 "保存的视点" 工具窗口中添加 "动画 1" 动画集。修改该动画集名称为 "1F 漫游动画"，结果如图 3-74 所示，Navisworks 将在动画集前显示图标。

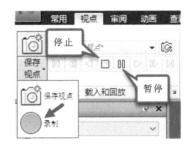

图 3-73

图 3-74

Step05 单击上一步中创建的动画集名称，切换至该动画集。注意此时 "保存、载入和回放" 面板中的动画播放控制工具变为可用，如图 3-75 所示。单击 "顺序播放" 按钮可回放第 3）步中创建的动画集。在播放过程中随时可以单击 "停止" "暂停" 按钮停止或暂停动画播放。其他播放控制工具请读者自行尝试，在此不再赘述。

Step06 如图 3-76 所示，在 "保存的视点" 工具窗口的 "1F 漫游动画" 动画集前单击按钮，展开该动画集。注意动画集由一系列

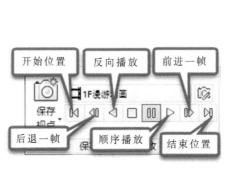

图 3-75

图 3-76

按顺序编号的视点组成。Navisworks 在漫游动画录制的过程中，自动沿路径生成了一系列视点。单击各视点名称可以切换至该视点视图。

在 Navisworks 中，用户还可以通过添加剪辑的形式对动画进行暂停控制。例如，本操作中将在 180 帧之后添加一个暂停 3s 的动作，使得动画在播放至该位置时自动在 180 帧视图位置停留 3s。

Step⑦在"保存的视点"对话框中,单击"帧0181"视点,Navisworks将切换至该视点。单击鼠标右键,在弹出如图3-77所示的快捷菜单中选择"添加剪辑"。

Step⑧Navisworks将在"帧0180"之后("帧0181"之前)添加剪辑,如图3-78所示,重命名该剪辑名称为"暂停3秒"。

Step⑨用鼠标右键单击"暂停3秒"剪辑,在弹出的快捷菜单中选择"编辑",弹出"编辑动画剪辑"对话框,如图3-79所示。修改"延迟"为"3s",单击"确定"按钮关闭"编辑动画剪辑"对话框。

Step⑩单击"1F漫游动画"动画集,切换至该动画集。单击"保存、载入和回放"面板中的"顺序播放"按钮播放动画集。注意,到漫游至180帧时,Navisworks将在该视图位置停留3s后再继续前进。

除录制动画外,Navisworks还允许用户根据自定义的视点创建动画。

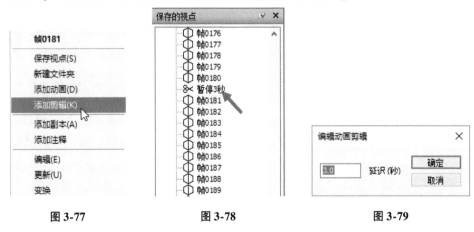

图 3-77   图 3-78   图 3-79

Step⑪移动鼠标指针至"保存的视点"工具窗口任意空白位置单击鼠标右键,在弹出的快捷菜单中选择"导入视点",弹出"导入"对话框;浏览至随书资源中的"练习文件\第3章\3-4-2.xml"视点文件,单击"打开"按钮导入该视点文件。Navisworks将导入"裙楼屋顶1""裙楼屋顶2""裙楼屋顶3""裙楼屋顶4"共4个视点。

Step⑫在"保存的视点"工具窗口任意空白位置单击鼠标右键,在弹出如图3-80所示的快捷菜单中选择"添加动画"命令,Navisworks将创建空白动画剪辑;重命名该剪辑名称为"裙楼屋顶漫游"。

Step⑬配合〈Ctrl〉键,依次单击第11)步操作中导入的"裙楼屋顶1""裙楼屋顶2""裙楼屋顶3""裙楼屋顶4"视点。在视点符号Φ上单击并按住鼠标左键不放,将"裙楼屋顶1""裙楼屋顶2""裙楼屋顶3""裙楼屋顶4"拖动至上一步创建的"裙楼屋顶漫游"动画集中,结果如图3-81所示。

Step⑭单击"裙楼屋顶漫游"动画集,切换至该动画集。单击"保存、载入和回放"面板中的"顺序播放"按钮播放该动画集,Navisworks将根据指定的视点生成动画。

Step⑮至此完成Navisworks浏览动画练习。关闭当前场景文件,不保存对文件的修改。

通过播放动画的方式,Navisworks可以让所有参与者快速按预先设置的路径对场景文件进行整体浏览,以加深对场景的印象。Navisworks通过录制漫游和指定视点的方式生成漫游动画集。事实上,在建制动画集时,浏览视图中的任意浏览工具,如平移、环视等均可记录于动画集中。

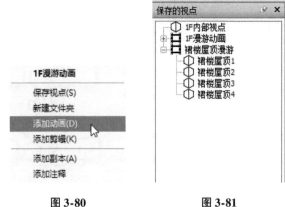

图 3-80   图 3-81

在使用自定义视点的动画集时,Navisworks将按动画集中各帧从上至下的顺序在各保存的视点中平常过渡。通过拖动各视点可以修改该视点在动画集中的顺序,因此使用该模式时必须特别注意各视点的排列顺序。

3.5 显示效率

Navisworks 通过一系列场景参数的设定以确保浏览场景时的流畅。场景中模型的数量和精度无疑是影响 Navisworks 显示效率的重要因素。对于模型数量较多的场景，用户可通过在指定的视图中关闭不需要显示的模型文件或模型图元的方式以加快漫游和浏览的速度。这需要在使用如 AutoCAD 或 Revit 等模型创建工具时，即对模型进行合理的拆分和管理，以方便 Navisworks 中的隐藏操作。

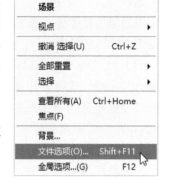

对于特别复杂的大型场景，通常通过控制 Navisworks "文件选项" 的方式来加快场景的浏览反应速度。

如图 3-82 所示，在场景中任意位置单击鼠标右键，在弹出的快捷菜单中选择 "文件选项"，可以打开当前场景的 "文件选项" 对话框。

图 3-82

如图 3-83 所示，在 "文件选项" 对话框的 "消隐" 选项卡中，可以设置场景中 "消隐" 的方式，即根据条件隐藏场景中的图元。勾选 "区域" 选项组中的 "启用" 复选框，当场景中的像素数低于指定值时，Navisworks 将不再显示该区域内的图元。在图 3-83 中，该值设置为 "100"，即当屏幕中显示指定模型的区域内像素数小于 10×10 时，Navisworks 将不再显示模型图元，从而加快场景的显示速度。

"背面" 选项组用于控制是否隐藏对象的 "背面"。在 Navisworks 中，所有的模型均将以三角形的方式记录。如图 3-84 所示，在 "视点" 选项卡的 "渲染样式" 面板中使用 "线框" 或 "隐藏线" 模式，可以查看 Navisworks 中所有对象都将以三角形的方式存储。

图 3-83

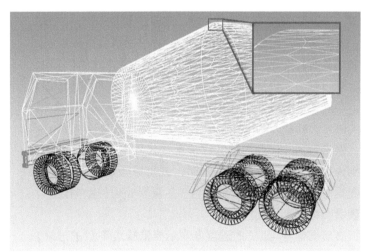

图 3-84

对于任意图元来说，一般只显示正对视点的面而忽略背对视点的面，Navisworks 可以在场景显示时跳过这些背对视点的面。这将减少大约一半的三角形显示数量。隐藏对象的背面可以加快计算机的显示运算，从而加快大场景的浏览响应。Navisworks 提供了三种 "背面" 的控制方式：关闭、立体和打开。"关闭" 选项将不关闭 "背面" 消隐计算；"立体" 选项将只对实体图元进行背面消隐计算，对于二维图元将不关闭背面消隐；"打开" 选项将对所有的图元进行背面消隐计算。对于特别大型的场景，建议使用 "立体" 或 "打开" 选项，以加快系统的响应速度。

对于特别大型的场景，Navisworks 还可以为场景启用近剪裁或远剪裁平面。近剪裁平面将隐藏该平面位置以内的图元，而远剪裁平面将隐藏该平面位置以外的图元。Navisworks 分别提供 "自动" "受约束"

和"固定"三个选项用于控制近剪裁或远剪裁平面的位置。其中,"自动"将由 Navisworks 自动确定视图的显示范围;"受约束"与"固定"使用方式类似,均根据"距离"值生成剪裁平面,但当使用"受约束"选项时,如果在设定的"距离"值中无法显示任何场景中模型图元时,Navisworks 将自动调整剪裁平面,以显示场景图元。而"固定"模式将始终按"距离"值设定生成剪裁平面。

图 3-85 为在 Navisworks 中以"固定"模式启用远剪裁平面时的场景。该平面距离视点距离为 180,注意,所有距视点位置距离远于 180 的图元被隐藏。值得注意的是,Navisworks 中该距离不受系统单位设置的影响,不同的场景需要根据实际情况设定不同的"距离"。

在浏览和漫游模型时,Navisworks 会调整屏幕显示的刷新频率。显示刷新频率越高,在计算机屏幕上刷新显示的次数就越多,也越消耗计算资源。在"文件选项"对话框的"速度"选项卡中,用户可以通过设定"帧频"来控制 Navisworks 的场景刷新频率。Navisworks 允许用户调节"帧频"在 1 ~ 60 帧/s。该选项的默认值为"6",使用较低的帧频可降低计算机的运算量,加快系统的响应,如图 3-86所示。

图 3-85

在浏览场景文件时,Navisworks 底部右下方工具栏中将显示当前场景的运算情况。如图 3-87 所示,从左至右分别表示模型运算进度、数据读取进度、网络读取进度及内存占用情况。

左侧铅笔图标 下方的进度条表示当前视图绘制的进度,当进度条显示为 100% 时,表示已经完全绘制了场景,未忽略任何内容。在进行重绘时,该图标会更改颜色。绘制场景时,铅笔图标将变为黄色;如果要处理的数据过多,则铅笔图标会变为红色。

图 3-86

中间图标 下方的进度条表示从硬盘中载入当前模型的进度,即载入到内存中的大小。当进度条显示为 100% 时,表示包括几何图形和特性信息在内的整个模型都已载入到内存中。在进行文件载入时,该图标会更改颜色。读取数据时,硬盘图标会变成黄色;如果要处理的数据过多,则硬盘图标会变为红色。

右侧图标 下方的进度条表示当前模型下载的进度,即已经从网络服务器上下载的当前模型的大小。当进度条显示为 100% 时,表示整个模型已经下载完毕。在进行文件载入时,该图标会更改颜色。下载数据时,网络服务器图标会变成黄色;如果要处理的数据过多,则网络服务器图标会变为红色。

图 3-87

右侧的内存占用情况则表示当前场景使用的物理内存大小。协助用户了解当前计算机的内存使用情况。

本 章 小 结

　　本章介绍了 Navisworks 的基本应用功能——场景浏览的各方面知识。在 Navisworks 中可以控制场景的背景及场景渲染样式，并控制标高和轴网的显示，用于更准确地显示场景视图中的信息。Navisworks 中所有的场景视图均通过视点进行控制。用户可以自定义任意的视点，并通过 HUD 显示当前视点的坐标信息。利用 Navisworks 提供的静态导航及漫游和飞行工具，用户可以对场景实现静态或动态浏览和查看。启用剖分可以查看场景内部被隐藏的部分。

　　所有的视图均可以保存为视点，并可将视点文件存储为外部的 xml 格式文件，方便协作和整合。Navisworks还提供了动画录制和视点动画制作的方式，以便于沿预设的漫游路径进行场景展示。

　　本章内容是 Navisworks 操作的基础，希望读者通过练习和实践，灵活运用。

第4章 图 元

通过上一章的学习，我们已经掌握了 Navisworks 中场景的浏览工具，可以在场景中进行静态或动态查看和展示。Navisworks 是 BIM 信息整合工具，除展示场景中的几何三维模型外，还将记录和整合 BIM 数据库中完整的信息列表。本章将介绍如何在 Navisworks 中编辑和修改图元，同时利用 Navisworks 对场景中的图元信息进行分析和展示。

4.1 图元的选择

对 Navisworks 中任意图元进行操作时，用户都应先选择图元。与其他 CAD 工具类似，在Navisworks中移动鼠标指针到要选择的对象，单击即可以选择该图元。但在 Navisworks 中选择的图元具有不同的层级，不同的层级中所选择的图元内容也不尽相同。

4.1.1 选择层级

Navisworks 提供了"选择树"工具窗口，可以查看不同层级设定下对选择图元的影响。

下面通过练习，说明在 Navisworks 中如何进行选择。

Step01打开随书资源中的"练习文件 \ 第 4 章 \ 4-1-1. nwd"场景文件。切换至"外部视角"视点。

Step02如图 4-1 所示，在"常用"选项卡的"选择和搜索"面板中单击"选择"下拉列表，在列表中单击"选择"工具；单击"选择和搜索"面板名称右侧的下拉按钮展开该面板，在"选取精度"列表中选择当前选择的精度为"几何图形"。

Step03单击"选择和搜索"面板中的"选择树"按钮，激活"选择树"工具窗口。

Step04移动鼠标指针至裙楼顶部右侧窗玻璃位置，Navisworks将选择该玻璃图元，同时在视图中默认以蓝色高亮显示该图元。

Step05展开"选择树"工具窗口。如图 4-2 所示，确认"选择树"工具窗口中的显示方式"①"为"标准"；Navisworks 将自动展开各层级，以指示当前所选择图元所在的位置。各层级的含义如下：a 为当前场景文件名称；b 为当前图元所在源文件的名称；c 为当前图元所在的层或标高，由于当前场景项目采用 Autodesk Revit 系列软件创建，因此"F4"代表所在的标高名称；d 为当前图元所在的类别集合，该类别集合由 Navis-works 在导入场景时自动创建，方便选择、管理；e 为当前图元所在的类型集合，该类型集合由 Navisworks 在导入场景时自动创建，方便选择、管理；f 为当前选择图元的 Revit 族名称；

图 4-1

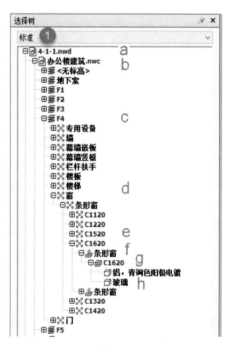

图 4-2

g 为当前选择图元的 Revit 族类型名称；h 为当前选择图元的几何图形。

Step06 由于当前选取精度设置为"几何图形"，因此 Navisworks 将选择最底层的"玻璃"几何图形。

🔊 提 示

由于 Revit 中各模型族的建模方式不同，同一类别的图元可能由不同的几何图形组成。

Step07 在"选择树"列表中单击"铝，青铜色阳极电镀"图元，注意，Navisworks 将选择该窗的窗框，并在视图中高亮显示该窗框图元。

Step08 按〈Esc〉键取消当前图元的选择状态。切换"选取精度"为"最低层级的对象"。再次单击裙楼顶部右侧窗玻璃位置选择该窗。注意，此时 Navisworks 将高亮显示玻璃和窗框。展开"选择树"工具窗口，注意，此时 Navisworks 将高亮显示该图元的 Revit 族类型名称（图 4-2 中的 g 层级）。

Step09 按〈Esc〉键取消当前图元的选择状态。切换"选取精度"为"最高层级的对象"。再次单击裙楼顶部右侧窗玻璃位置选择该窗。注意，此时 Navisworks 将像上一步操作中一样，高亮显示玻璃和窗框。展开"选择树"工具窗口，注意，此时 Navisworks 将高亮显示该图元的 Revit 族名称（图 4-2 中的 f 层级）。

Step10 按〈Esc〉键取消当前图元的选择状态。切换"选取精度"为"图层"。再次单击裙楼顶部右侧窗玻璃位置选择该窗。注意，此时 Navisworks 将高亮显示当前层所有窗和外墙装饰图元。展开"选择树"工具窗口，注意，此时 Navisworks 将高亮显示该图元的 Revit 标高名称（图 4-2 中的 c 层级）。

Step11 按〈Esc〉键取消当前图元的选择状态。切换"选取精度"为"文件"。再次单击裙楼顶部右侧窗玻璃位置选择该窗。注意，此时 Navisworks 将高亮显示所有建筑专业模型图元。展开"选择树"工具窗口，注意，此时 Navisworks 将高亮显示该图元的所在的场景文件名称（图 4-2 中的 a 层级）。

🔊 提 示

如果场景文件为 nwf 格式的 Navisworks File 文件，则"选择精度"为"文件"时，Navisworks 将选择当前图元所在的原文件名称，即图 4-2 中所示的层级 b。

Step12 在"选择树"工具窗口中，单击对应层级也可以完成对应层级图元的选择。请读者自行尝试，在此不再赘述。

Step13 按〈Esc〉键取消当前图元的选择状态。设置当前"选择精度"为"最高层级的对象"。单击裙楼顶部右侧窗的玻璃位置选择该窗，再次单击该窗左侧窗图元，Navisworks 将取消当前选择而仅选择左侧窗图元。

Step14 按住〈Ctrl〉键再次单击裙楼顶部右侧窗，Navisworks 将同时选择上一步中选择的窗和当前窗。按住〈Ctrl〉键，再次单击已选择的窗图元，将从当前选择集中删除该窗。单击任意空白位置将取消当前选择集。

Step15 单击"选择和搜索"面板中的"选择"下拉列表，在列表中单击"选择框"工具，进入选择框模式。

图 4-3

Step16 适当放大视图。如图 4-3 所示，移动鼠标指针至窗左上角位置单击并按住鼠标左键，向右下角拖动鼠标，Navisworks 将在单击位置与当前鼠标指针位置间形成选择范围框；拖动鼠标直到窗右下角位置，使范围框完全包围窗图元，松开鼠标左键，Navisworks 将选择所有完全被范围框包围的图元。

🔊 提 示

与其他 CAD 工具不同，使用选择框模式时，Navisworks 只会选择完全被选择框包围的图元。

Step⑰ 展开"选择树"工具窗口。注意，Navisworks 不仅选择了当前窗图元，还同时选择了被外墙隐藏的扶手等图元。按〈Esc〉键取消当前选择集。

Step⑱ 至此完成图元层级选择练习，关闭当前场景文件，不保存对文件的修改。

Navisworks 将高亮显示选择集中的图元。Navisworks 将默认以蓝色显示被选择的图元。按〈F12〉键打开"选项编辑器"对话框，如图4-4所示，切换至"界面"→"选择"选项，在"高亮显示"选项组中可以设置是否启用选择图元的高亮显示，并指定高亮显示的颜色及着色方法。

在"选项编辑器"对话框的"选择"设置选项中，还可以在"方案"下拉列表中设置系统默认的"选择精度"，以及选择树在"紧凑"模式下的显示方式。如图4-5所示，单击选择树顶部显示模式列表，可设置选择树的显示方式为"标准""紧凑"或"特性"。当切换该模式为"紧凑"时，Navisworks 将按"选项编辑器"对话框中设置的"紧凑树"模式设置显示选择树的组织方式。图4-5中显示了当"紧凑树"设置为"图层"时，选择树在紧凑模式下仅显示场景中各源文件的标高，方便用户按标高的方式对场景进行管理。

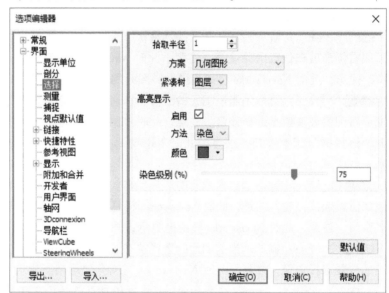

图 4-4

Navisworks 还提供了几个用于快速选择的工具。如图4-6所示，在"选择和搜索"面板的"全选"下拉列表中，用户还可以使用"全选"工具选择当前场景中的全部图元；使用"反向选择"工具用于选择当前场景中所有未选择的图元；而"取消选择"工具则取消当前选择集，其作用与按〈Esc〉键作用相同。

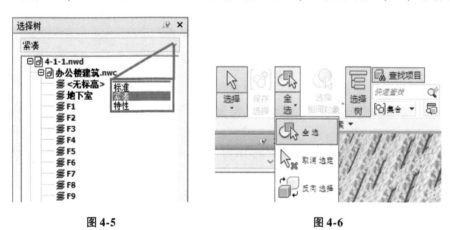

图 4-5　　　　　　　　　　　　图 4-6

快速执行"全选"的方法是，按住〈Shift〉键，单击任意图元将选择当前场景中所有图元所在的文件名称层级，即选择当前场景中所有图元。

4.1.2　选择树层级

Navisworks 通过选择树层级对场景中的图元进行管理。在选择树中，层级最低的为几何图形，该图形是构成三维场景模型的基础。

以导入的 Revit 族模型为例，Revit 中所有的图元均由族构成，在创建模型族时，将由一系列的拉伸、放样等建模手段创建。这些图元在导入 Navisworks 时，将作为最基本的几何图形存在于选择树中。图4-7

所示为 Revit 的窗族中使用三次拉伸的方式生成的框架/竖梃和玻璃,在 Navisworks 中将显示为三个不同的几何图形。

在导入 Revit 的几何图元时,Navisworks 会自动整合使用"连接几何图形"工具连接在一起的图形组。如图 4-7 所示,"框架/竖梃"类别中的"连接的实心几何图形"即在制作该族时使用了连接几何图形工具将多个拉伸图元组合为一个图元,这类图元在导入 Navisworks 后将合并为一个几何对象。

注意,Navisworks 将 Revit 族中定义的材质名称作为最基本的几何图元。而当 Revit 的项目("∗.rvt"格式的文件)导入 Navisworks 中时,Navisworks 将按族中定义的材质名称

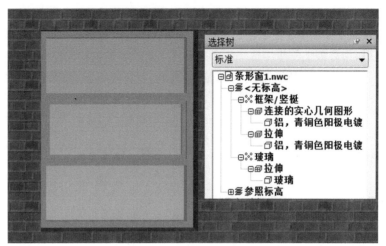

图 4-7

将图元进行合并。即在同一个族实例中,材质名称相同的图元将合并为同一个几何图元,以减少导入 Navisworks 中模型图元的数量。

在 Navisworks 中,使用不同的图标用于标识选择树中不同的层级构造,详细内容见表 4-1。

表 4-1

图 标 形 式	层 级 等 级	层 级 说 明
	1	场景项目文件名称或源模型文件名称
	2	CAD 图层。如图导入的是 Revit 模型,则表示标高
	3	图元集合。对于 Revit 中的模型,它是指对象类别
	4	实例组。由多个对象组组成的图元。对于 Revit 中的模型,它表示族的名称
	5	对象组。由多个几何图元组成的实体图元。对于 Revit 中的模型,它表示族的类型
	6	一个实例化的几何图形。主要用于显示如 3D Studio 中的实例
	7	基本的几何图形。如 Revit 族中的拉伸,Revit 中相同材质的族实例几何图元
	–	选择集图标,可以在 Revit 中自定义任意选择集
	–	搜索集图标,可以在 Revit 中自定义任意的搜索集

掌握图元层级的管理是 Navisworks 中工作的基础。读者需加以理解和掌握。本书第 5 章中将介绍选择集和搜索集的相关知识,请读者参考相关章节。

4.2 图元的控制

在 Navisworks 中选择几何图元后,用户可以对场景中的图元进行单独的控制,如对图元进行可见性控制、对图元的几何位置和尺寸进行编辑和修改。

4.2.1 图元可见性控制

在场景浏览时,为显示被其他图元遮挡的对象,用户常需要对视图中的图元进行隐藏、显示等控制。选择模型对象后,用户可以对图元进行隐藏、取消隐藏、颜色替代等操作。

下面通过练习，学习如何在 Navisworks 中控制图元的可见性。

Step01 打开随书资源中的"练习文件\第 4 章\4-2-1. nwd"场景文件，切换至"外部视角"视点。

Step02 在"选择树"工具窗口中，单击"办公楼建筑. nwc"，Navisworks 将选择"办公楼建筑"文件层级。

Step03 如图 4-8 所示，在"常用"选项卡的"可见性"面板中单击"隐藏"工具，Navisworks 将在视图窗口中隐藏上一步中选择的所有图元，此时场景中将仅显示结构模型。

图 4-8

◄》提 示

> 不做任何操作，再次单击"隐藏"工具将取消上一步中的图元隐藏。

Step04 注意"选择树"工具窗口中，如图 4-9 所示，被隐藏的图元显示为灰色。

Step05 确认当前选择精度设置为"最高层级的对象"，选择任意结构楼板。如图 4-10 所示，单击"选择和搜索"面板中的"选择相同对象"下拉列表，在列表中单击"选择相同的标高"选项，Navisworks 将选择与当前楼板在同一标高上的所有楼板并高亮显示。Navisworks 将显示"项目工具"上下文选项卡。

图 4-9

图 4-10

◄》提 示

> "选择相同对象"列表的内容随所选择的构件不同而不同。下一章将详细介绍该工具的使用原理。

Step06 如图 4-11 所示，切换至"项目工具"上下文选项卡。单击"外观"面板中的"颜色"下拉列表，修改当前构件的外观为"红色"；修改"透明度"值为"30%"，即所选择构件具有 30% 的透明度。

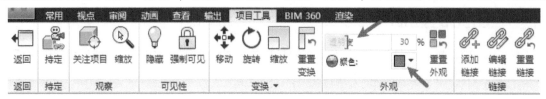

图 4-11

Step07 完成后按〈Esc〉键退出当前选择集，观察显示替代后图元样式。

◀》提 示

图元替代操作与本书第 2.2.3 节中介绍的图元替代结果完全相同。用户也可以参考该节的相关内容进行图元颜色、透明度的替代。

Step08 重复第 4) 步操作，选择第 6) 步骤中外观替代的楼板。

Step09 在"项目工具"选项卡的"观察"面板中单击"关注项目"工具，Navisworks 将自动调整视图，使所选择图元位于视图的中心，以利于观察；单击"缩放"工具，将适当缩放视图，以清晰显示选择集的所有图元。

Step10 单击"外观"面板中的"重置外观"工具，将重置图元的外观替代设定。

Step11 单击"可见性"面板中的"隐藏"工具，可将楼板在视图中隐藏。该工具的功能与"常用"选项卡中的"隐藏"功能相同。

Step12 在"常用"选项卡的"可见性"面板中单击"取消隐藏"下拉列表，如图 4-12 所示，在列表中单击"显示全部"选项，Navisworks 将重新显示所有已被隐藏的图元。

Step13 至此完成图元的可见性控制操作。关闭当前场景文件，不保存对文件的修改。

在 Navisworks 中，隐藏和替代图元对象的操作较为简单。隐藏图元可以将不需要显示在场景视图中的图元隐藏；替代图元可以方便展示当前场景中需要突出显示的对象，如结构降板区域、结构标高变化区域的构件通过替代图元进行突出展示。

图 4-12

视图中的隐藏、替代状态可以随视点一并保存，只需要在保存视点后通过"编辑视点"对话框勾选"保存的属性"选项组中的"隐藏项目/强制项目"和"替代材质"复选框，并在设置后更新保存的视点即可，如图 4-13 所示。请各位读者参考第 3 章中相关内容进行设置。

除隐藏图元外，Navisworks 还提供了"强制可见"选项。激活该选项后，强制可见的项目在"选择树"中将显示为红色，如图 4-14 所示。在刷新视图时，Navisworks 将保证强制可见的图元优先显示。在处理特别大型的场景时，用户可以配合使用"强制可见"选项快速优先显示主体图元。

图 4-13   **图 4-14**

在"常用"选项卡的"可见性"面板中单击"取消隐藏"下拉列表，在列表中单击"取消强制所有项目"选项，取消所有已强制显示的图元。

若要取消某个指定图元的隐藏或强制状态，用户可以在选择树中选择指定的图元，单击鼠标右键，在弹出如图 4-15 所示的快捷菜单中，选择"隐藏"或"强制可见"，即可对图元进行隐藏或强制可见操作。当再次单击"隐藏"或"强制可见"时，Navisworks 将取消该图元的隐藏或强制可见状态。在快捷菜单中，用户还可以设置当前选择的"选取精度"。在此不再赘述。

若要灵活地对一组图元进行显示或隐藏控制，用户还可以通过图元选择集对其进行管理。本书第 5 章将重点介绍 Navisworks 中选择集的管理方法，请读者参阅相关章节内容。

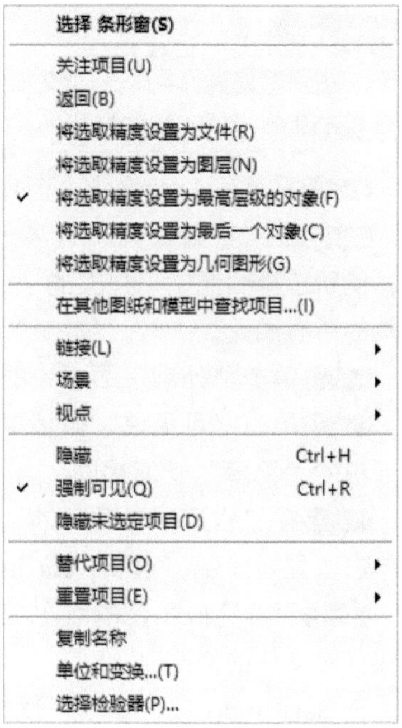

4.2.2　图元编辑

Navisworks 允许用户对场景中的模型进行移动、旋转、缩放等编辑操作。通过这些图元编辑工具，用户可以对场景中的图元进行调整，用于模拟不同的布置方案，如模拟不同的施工机械安排、放置位置等。

下面通过停车练习，学习 Navisworks 中图元的编辑操作。

Step01 打开随书资源中的"练习文件\第 4 章\4-2-2.rvt"场景文件，该场景为某项目部分地下室内部场景。切换至"停车位"视点，在该视点位置有一辆待停车入位的车。

Step02 使用"选择"工具。展开"选择和搜索"面板，确认当前选取精度为"最高层级的对象"；单击道路中待停车入位的汽车图元，注意"选择树"工具窗口中当前选择的层级为对象组。

Step03 切换至"项目工具"上下文选项卡，如图 4-16 所示，单击"变换"面板中的"旋转"工具，进入图元旋转编辑状态。

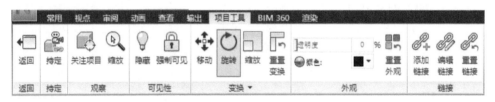

图 4-16

Step04 Navisworks 将在所选择图元位置显示旋转操作坐标控件。如图 4-17 所示，移动鼠标指针至红色 X 轴和绿色 Y 轴之间的蓝色平面区域，Navisworks 将高亮显示该区域，该区域代表将以蓝色 Z 轴为中心沿 XY 平面进行对象旋转。在该区域内单击并按住鼠标左键不放，向右拖动鼠标，Navisworks 将沿逆时针方向旋转汽车图元；当汽车图元与左侧停车位方向平行时，松开鼠标左键，完成对汽车图元方向的调整。

Step05 展开"变换"面板，如图 4-18 所示，注意 Navisworks 已经自动在"旋转"的 Z 轴位置记录了上一步操作中旋转的角度值。修改该值为"90°"，Navisworks 将自动修改汽车图元的旋转角度为 90°。

图 4-17

图 4-18

右侧快捷菜单内容：

选择　条形窗(S)
关注项目(U)
返回(B)
将选取精度设置为文件(R)
将选取精度设置为图层(N)
✓ 将选取精度设置为最高层级的对象(F)
将选取精度设置为最后一个对象(C)
将选取精度设置为几何图形(G)

在其他图纸和模型中查找项目...(I)

链接(L)　▶
场景　▶
视点　▶

隐藏　Ctrl+H
✓ 强制可见(Q)　Ctrl+R
隐藏未选定项目(D)

替代项目(O)　▶
重置项目(E)　▶

复制名称
单位和变换...(T)
选择检验器(P)...

图 4-15

在"变换中心"中分别调整 X、Y、Z 值的位置可修改编辑控件的位置。该值以 Navisworks 场景中的绝对坐标原点作为参考。

Step06 单击"变换"面板中的"移动"工具，进入移动编辑状态；Navisworks 将同时显示移动操作小控件，注意，虽然上一步操作中对图元进行了旋转编辑，但并未改变坐标轴的方向。移动鼠标指针至红色 X 坐标轴位置，单击并按住鼠标左键，向左拖动，Navisworks 将沿 X 轴向左侧车位处移动该汽车图元，直到该汽车图元完全放置于车位中后，松开鼠标左键。

Step07 单击"变换"面板中的"重置变换"工具，将放弃对所选择汽车图元的旋转和移动操作，图元将恢复至初始状态。

Step08 至此完成"停车"练习。关闭当前场景，不保存对场景的修改。

Navisworks 中图元对象的移动、旋转、缩放操作与本书第 3 章中所讲述长方形剖切视图范围框的使用方式完全一致。读者可参考 3.3.4 查看关于图元变换操作的更多内容。

使用"旋转"变换工具时，用户可以启用旋转角度捕捉。在图 4-18 所示的"变换"展开面板中，单击左下角"捕捉项目"选项可以启用该选项。启用"捕捉项目"后，当旋转变换图元、旋转角度接近预设的捕捉值时，Navisworks 将按自动旋转至设置的捕捉角度值。

在"选项编辑器"中，如图 4-19 所示，切换至"界面"→"捕捉"选项，用户可对 Navisworks 中的旋转角度捕捉进行设置。其中，"角度"选项用于设置 Navisworks 的捕捉角度值，"角度灵敏度"选项用于控制 Navisworks 中捕捉至该角度的增量。当"角度灵敏度"设置为图中所示的"5°"时，在执行旋转变换操作中，若旋转的角度为 40°～50°，Navisworks 都将保持该图元再旋转 45°位置。注意，"捕捉项目"选项仅在利用鼠标通过拖拽操作控件时有效。

在"选项编辑器"对话框的"捕捉"设置中，用户还可以设置使用测量工具时可拾取捕捉对象的顶点、边缘或线的顶点。关于测量工具的详细使用方法，参见本书第 6 章相关内容。

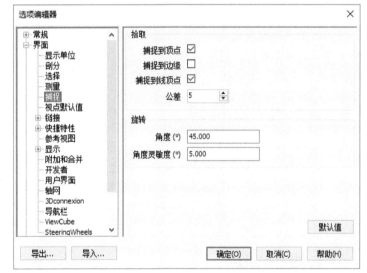

图 4-19

4.2.3　图元保持

除上一节中介绍的图元变换工具外，在选择图元对象后，Navisworks 还提供了图元"持定"工具，即将所选择图元与当前相机位置保持链接。使用该功能可以在 Navisworks 中模拟设备的运输路径，判断在设备运输途径中可能存在的障碍。

下面通过行车路线模拟练习，学习如何利用 Navisworks 中图元"持定"功能模拟汽车的行走路线。

Step01 打开随书资源中的"练习文件\第 4 章\4-2-3.nwd"场景文件，该场景文件与上一节中使用的场景文件相同。切换至"行车路线"视点位置，该视点显示了与汽车尾部方向对齐的视点位置。

Step02 使用选择工具，展开"选择和搜索"面板，确认当前选取精度为"最高层级的对象"；单击选择道路中待停车入位的汽车图元，注意"选择树"工具窗口中当前选择的层级为对象组。

Step03 切换至"项目工具"上下文选项卡，如图 4-20 所示，单击"持定"面板中的"持定"工具，激活该工具。该选项将激活当前所选择图元与相机位置的链接关系。

Step04 在"视点"选项卡的"导航"面板中单击"漫游"工具，进入漫游浏览模式；确认勾选"真

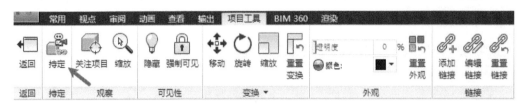

图 4-20

实效果"中的"碰撞"和"重力"复选框。在场景视图中，沿水平方向向前对场景进行漫游，注意当漫游行走时，所选汽车图元将随视点位置的移动而移动，用于模拟真实场景中的汽车行走情况。

Step05切换至"项目工具"上下文选项卡，单击"持定"面板中的"持定"工具，取消持定状态。再次在场景中进行漫游操作，注意此时所选汽车图元将不再随视点位置的变化而变化。

Step06在"项目工具"上下文选项卡的"变换"面板中单击"重置变换"工具，Navisworks 将自动恢复汽车图元至初始位置。

Step07切换至"行车路线动画"动画集；确认汽车图元处于高亮显状态。单击"持定"工具，保持图元与当前所选动画集的持定状态。

Step08切换至"视点"选项卡，单击"保存、载入和回放"面板中的"播放"工具，Navisworks 将播放已保存的漫游动画集。注意，由于汽车图元已经与当前动画集中各视点设置了"持定"关系，因此汽车会随动画集中视点位置的变化而变化。

Step09至此，完成图元的"持定"操作。关闭该场景文件，不保存对场景的修改。

持定工具可以使所选图元随视点位置的变化而变化。事实上，设置图元的持定状态后，不论使用何种视图浏览和查看工具，图元都将随视图的变化而变化。在实际工程项目的设备吊装、行车路线模拟等应用中，用户可以利用图元持定的特性来模拟设备的安装运输空间是否足够、行车路线是否合理等。

注意，当图元随视点移动后，通过"保存的视点"工具窗口切换视点时，持定的图元将不再与所选择的视点保持持定状态，且图元将位于上一次查看视点的位置。若要恢复图元的原始位置，可随时单击"重置变换"工具将其还原。

4.3　图元的属性

Navisworks 在导入场景数据时，除导入三维几何模型图元外，还将导入该图元对应的属性。例如，对于项目中的管道，用户可以在场景中浏览管道布置三维模型的同时，还能查询该管道的管径、所属系统、设计流量、压力、温度、保温要求等信息。图元的属性用于对场景进行精确的信息管理。

4.3.1　认识图元属性

当使用 Autodesk Revit 等工具创建 BIM 模型时，均会写入楼板所在标高、楼板厚度、管道尺寸、管道所在系统等信息。如图 4-21 所示为使用 Revit 软件创建的空调管线时所附带的"实例属性"信息，这些属性记录了该管线所在的标高、标高偏移量、管道所属系统类型等信息。三维模型图元与其属性描述信息实时关联，这样的模型称为"建筑信息模型"。信息是 BIM 中最核心的管理要素。

当 Navisworks 中导入具有这些信息的场景数据时，它会自动转换相应的信息并与场景中的图元自动关联。Navisworks 提供了"特性"工具窗口，用于显示已导入场景中图元的关联特性。如图 4-22 所示，在"常用"选项卡的"显示"面板中单击"特性"工具，弹出"特性"对话框。

限制条件	
水平对正	中心
垂直对正	底
参照标高	-4F(-18.00)
偏移量	3400.0
开始偏移	3400.0
端点偏移	3400.0
坡度	0.0000%
机械	
系统分类	排风
系统类型	排风
系统名称	机械 排风 24
系统缩写	
底部高程	3200.0
顶部高程	3600.0
当量直径	827.1
尺寸锁定	☐
损耗系数	0.000000
水力直径	640.0
剖面	6
面积	10.800 m²

图 4-21

如图 4-23 所示，"特性"对话框中根据图元的不同特性类别，将图元的特性组织为不同的选项卡。例如，在"元素"选项卡中，显示所选择图元的"元素"类别的特性。元素类别的特性类似于 Revit 中图元的实例属性，如该选项卡下记录了图元所在的"参照标高""系统分类""底部高程""面积"等信息。对照图 4-21 中 Revit 的实例属性，可以发现 Navisworks 继承了 Revit 中 BIM 模型的相关属性信息。

图 4-22

在"特性"对话框中切换至其他选项卡可查看其他相关参数。在 Navisworks 中，"特性"对话框中不同的选项卡一般称为特性类别。在 Navisworks 中导入 Revit 创建的 BIM 模型后，不同的特性类别选项卡中记录的特性信息存在区别。例如，如图4-23所示的"元素"选项卡中可以查看所选择元素的"参照标高"信息，而在"参照标高"选项卡中还提供了该参照标高的详细信息，如图 4-24 所示。在"参照标高"选项卡中，除查看标高的名称外，用户还可以查看与 Revit 中标高图元相关的实例参数或类型参数信息，如该标高所在的"立面"高程值、"计算高度"等。合理利用类别选项卡的信息，可以实现对 Navisworks 图元信息的深入理解和展示。

在 Navisworks 中导入 Revit 创建的 BIM 项目文件，选择图元对象时，不同的选取精度决定不同的特性。如图 4-25 所示，分别设置选取精度为"最高层级的对象"和"几何图形"时，"特性"对话框中显示的对象图元特性。可见由于选取精度不同，不同级别对象图元所具备的特性信息也不相同。

在使用导入的 Revit 项目文件时，大多数情况下设置为"最高层级的对象"和"几何图形"选取精度，在视图窗口中看到的图元选择状态相同，但显示的特性信息完全不同，因此在使用时应特别注意。

图 4-23

除直接查看和使用 Revit 中创建的 BIM 信息模型外，Navisworks 还提供了数据链接工具用于扩展当前场景中关联的参数信息。如图 4-26 所示，在"常用"选项卡的"工具"面板中单击"DataTools"工具，弹出"DataTools"对话框。

图 4-26

利用如图 4-27 所示的"DataTools"对话框，用户可以通过使用 ODBC（Open Database Connectivity，开放的数据库连接）数据库驱动的方式，利用 Navisworks 场景图元中唯一的特性值与指定的数据库对应，并将该数据值作为检索数据库的索引。

Navisworks 默认提供了几种数据库连接的方式，单击"AutoPLANT 本地管道"连接选项，单击"编辑"按钮，打开"编辑链接"对话框，如图 4-28 所示。在该对话框中可对"ODBC 驱动"进行设置，并设置对应的 SQL 查询语句。同时，在右侧"字段"选项中，用于指定需要附加显示在"特性"对话框中与数据库字段对应的特性名称。

Navisworks 支持 dBase、Excel、Access、SQL Server 等几种常见的数据库。通过 DataTools 将场景图元与数据库中的查询条件对应，实现数据属性的无限扩展。这也体现了 BIM 中以信息为核心的管理思想。由于本操作涉及数据库查询等语句的使用，在此不再赘述。

图 4-27

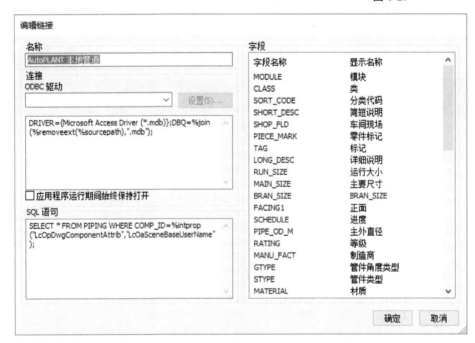

图 4-28

4.3.2 使用图元属性

了解 Navisworks 中的图元特性后，用户可以根据图元的特性对图元进行过滤。例如，场景中所有不同类型的管线显示不同的颜色用于区别管道的功能，将空调系统中所有排风系统的管线显示为绿色，而所有送风系统的管线显示为蓝色。

下面通过练习，说明如何利用图元的特性组织和管理场景中的图元。本练习中将根据不同空调管道系统分配不同的颜色：送风系统将以蓝色表示；排风系统则以绿色表示。

Step01 打开随书资源中的"练习文件\第 4 章\4-3-2. nwd"场景文件，切换至"管线分类"视点位置。该视点展示了地下室机电管线布置情况。注意，所有空调管道均默认为黄色。

Step02 使用"选择"工具，确认当前的选取精度为"最高层级的对象"。单击左侧空调管道，打开"特性"对话框，如图4-29所示，切换至"系统类型"选项卡，注意当前"名称"为"送风"，"类别"为"风管系统"。

图 4-29

Step03 按〈Esc〉键退出当前图元选择集。再次单击选择中间管道图元，注意，"系统类型"选项卡中当前"名称"为"送风"，"类别"为"风管系统"。

由于以上管线中"系统类型"选项卡的"名称"不同，接下来将利用该属性值对管线进行区分。

Step04 确认图元处于选择状态。如图4-30所示，在"常用"选项卡的"工具"面板中单击"Appearance Profiler"（外观配置器）工具，弹出"Appearance Profiler"对话框。

图 4-30

Step05 如图4-31所示，在"Appearance Profiler"对话框中，确认当前"选择器"方式为"按特性"；在"类别"文本框中输入使用的特性类别为"系统类型"，即使用的特性为"系统类型"特性类别中的属性；在"特性"文本框中输入使用的特性名称为"名称"，即使用"系统类型"特性类别中特性为"名称"的属性字段；确认字段值的匹配方式为"等于"，输入字段值为"排风"；单击"选择测试"按钮，注意，Navisworks 将自动选择当前场

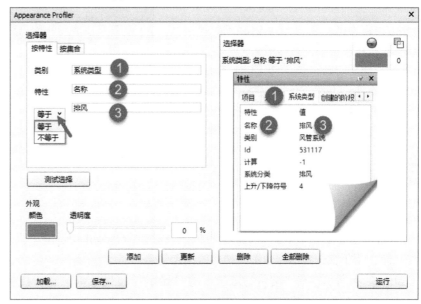

图 4-31

景项目中所有具备"系统类型"特性类别中"名称"为"排风"的模型图元，并高亮显示。

Step06 单击"外观"选项组中的"颜色"按钮，弹出"颜色"对话框。如图4-32所示，单击图中①

所示的绿色样本，单击"确定"按钮退出"颜色"对话框。返回"Appearance Profiler"对话框。

Step07 在"Appearance Profiler"对话框中单击"添加"按钮，将该配置添加至右侧"选择器"列表中。单击底部的"运行"按钮运行外观配置器的设置。

Step08 单击场景中任意排风管图元对象后，再次按〈Esc〉键退出选择集，注意 Navisworks 已将所有排风系统的管道显示为本操作中设置的绿色。

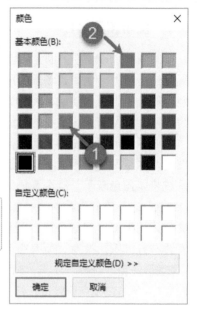

图 4-32

◄)) 提 示

> "Appearance Profiler"对话框为浮动对话框，可在不关闭该对话框的情况下对场景进行交互操作，按〈Esc〉键不会退出该对话框。

Step09 重复本操作第 5）~8）步，修改"Appearance Profiler"对话框中"等于"字段的值为"送风"；如图 4-32 所示，修改颜色为图中②所示的蓝色样本，单击"确定"按钮退出"颜色"对话框。再次单击"添加"按钮将该配置添加至"选择器"列表中，单击"运行"按钮，Navisworks 将所有送风管道颜色修改为蓝色。结果如图 4-33 所示。

Step10 单击"Appearance Profiler"对话框中的"保存"按钮，弹出"另存为"对话框，浏览至本地硬盘的任意位置，输入文件名称为"管线分类色标"，注意保存的文件类型为 dat 格式。单击"保存"按钮保存该配置。

Step11 至此，完成管线信息配置练习。关闭当前场景，不保存对文件的修改。

注意，"Appearance Profiler"对话框中的配置设置不会随场景文件一起保存，关闭 Navisworks 后，该配置文件将丢失。用户可以采用将配置设置保存为外部文件的方式，方便下次调用。保存文件后，可随时通过单击"Appearance Profiler"对话框中的"载入"按钮，载入已保存的配置，并单击"运行"按钮使之生效。

图 4-33

信息是 BIM 管理和应用的核心，数据组织的规范化是加快在 Navisworks 中查询、浏览、管理信息的重要步骤。因此在处理复杂场景的数据时，必须规范各类信息组织，以方便在诸如外观配置器中使用预设的颜色定义文件，加快场景的信息展示。

4.3.3 使用快捷特性

除使用对话框查询场景中图元的特性信息外，Navisworks 还提供了"快捷特性"功能，用于快速显示当前图元构件的指定信息。

如图 4-34 所示，在"常用"选项卡的"显示"面板中单击"快捷特性"工具，可以激活 Navisworks 快捷特性的显示。

图 4-34

激活该选项后，当鼠标指针移动至图元对象上并稍做停留，Navisworks 将弹出"快捷特性"，用于显示当前图元的特性信息，如图 4-35 所示。

Navisworks 允许用户自定义"快捷特性"显示的内容。按〈F12〉键打开"选项编辑器"对话框，如

图 4-36 所示，依次展开"界面"→"快捷特性"→
"定义"选项，在"选项编辑器"对话框中，定义要
显示的内容，可分别单击添加元素和删除元素
按钮来增加或删除快捷特性中要显示的特性内容。注
意，每添加一个新的显示特性时，应分别指定特性类
别选项卡及字段名称。

必须注意的是，Navisworks 在特性"类别"中将
显示场景所有图元的可用特性类别选项卡。必须注意
设置"类别"的通用性，以确保快捷特性内容的正确
显示。例如，对于使用 Revit 创建的项目场景来说，管
道具备"系统类型"特性类别，但结构柱图元不具备
该特性类别，对于既有结构柱又有管道的场景，可以
在快捷特性"选项编辑器"对话框的"类别"列表
中，列举结构柱和管道的所有特性类别选项卡的名称，
并应用在快捷特性设置中。

图 4-35

在定义快捷特性的"选项编辑器"对话框中，用户还可以通过单击如图 4-37 所示的轴网视图、列表
视图及记录视图的按钮，在不同选项视图显示方式中进行切换。图中显示了"轴网视图"模式下的选项
组织情况，该视图将以更加紧凑的方式显示快捷特性的定义视图。

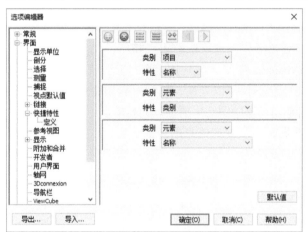

图 4-36

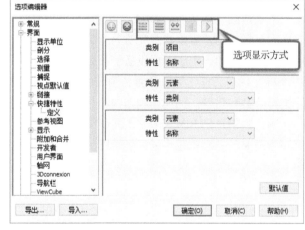

图 4-37

如果在"选项编辑器"对话框中指定了"系统
类型"的快捷特性，当鼠标指针指向结构柱图元时，
由于结构柱图元中不具备该特性类别的选项卡，
Navisworks 将忽略该字段的显示。如图 4-38 所示为当
采用如图 4-36 所示的快捷特性设置时，分别指向管
道图元和结构柱图元时显示的不同快捷特性。

切换至"快捷特性"选项，如图 4-39 所示，在
右侧的选项设置中设置是否启用"显示快捷特性"，
并设置在显示快捷特性时，是否在弹出的快捷特性对
话框中显示特性所在类别。

合理定义快捷特性可以在浏览 BIM 场景时快速得
到常用信息，如管道的系统类型、安装标高等信息。
若要更好地让快捷特性发挥作用，就必须确保 Revit

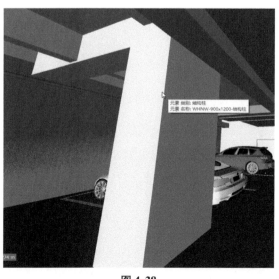

图 4-38

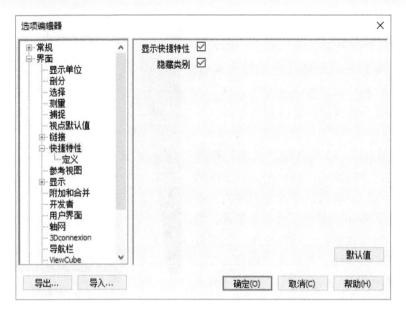

图 4-39

等创建的原始数据中的信息按统一规则进行存储，这方面再一次体现出 BIM 中信息规则的重要性。

本 章 小 结

本章详细介绍了 Navisworks 中图元的选择方式，并介绍了 Navisworks 中图元的不同选取精度的区别。选择图元后，用户可以对图元进行移动、旋转、缩放等编辑操作，也可以利用"持定"工具使图元随视点的变化而移动，用于模拟设备的吊装或运输路线。Navisworks 中图元均具备详细的工程信息，通过图元的"特性"对话框，可以查看各图元的详细信息。这些信息不仅可以查询，还可以利用图元的特性对图元进行分类和管理。此外，利用快捷特性可以满足快速查询场景中图元主要信息的要求。

图元的信息是 BIM 工作的核心，因此在创建 BIM 数据时必须注意信息的规则组织，以方便后期的应用和管理。下一章中还将继续利用图元的特性信息进行选择和分类管理。

第 **2** 篇
Navisworks管理实践

掌握 Navisworks 的基本操作后，可以利用 Navisworks 完成 BIM 模型的整合、检查、审阅与模拟，发挥 BIM 数据的可预测特性。 本篇共 6 章，包括第 5 章、第 6 章、第 7 章、第 8 章、第 9 章和第 10 章，分别介绍 Navisworks 中选择集管理、专业协调管理、审阅管理、施工模拟及展示表现各模块的实践与应用，发挥 BIM 的管理应用价值。

上一章介绍了 Navisworks 中图元的选择方式，并详细介绍了在 Navisworks 中图元特性信息的组织和管理方式。Navisworks 还提供了对图元选择集的管理，可以将选择集进行保存，以方便对图元选择的管理，还可以利用图元的特性信息对图元以搜索和查找的方式进行选择。

5.1 保存选择集

在 Navisworks 中，用户可以随时将场景中所做的图元选择进行保存。保存的选择集可以随时再次选择已保存在选择集中的图元。

下面通过练习，学习在 Navisworks 中选择集管理的一般过程。

Step01打开随书资源中的"练习文件\第 5 章\5-1. nwd"场景文件，切换至外部视角视点。

Step02使用选择工具，确认"选取精度"设置为"最高层级的对象"。按住〈Ctrl〉键，单击裙楼顶层任意窗，连续选择 3 个以上窗模型图元。

Step03如图 5-1 所示，在"常用"选项卡的"选择和搜索"面板中单击"集合"下拉列表，在列表中单击"管理集"选项，打开"集合"工具面板。

图 5-1

> 🔊 提 示
>
> 注意，此时特性面板中将显示"选中 3 个项目"。

Step04如图 5-2 所示，在"集合"工具面板中显示了在该场景文件中已保存的所有选择集合。单击"保存选择"[按钮，Navisworks 将自动建立默认名称为"选择集"的选择集合。修改该选择集名称为"窗选择集"，按〈Enter〉键确认。

图 5-2

> 🔊 提 示
>
> Navisworks 用符号●表示图元选择集。

Step05单击场景视图中任意空白位置，取消当前图元选择。再次单击"集合"工具面板中在上一步保存的"窗选择集"，Navisworks 将重新选择该选择集中的窗图元。

Step06按〈Ctrl〉键再次用鼠标单击其他窗图元，向"选择集"中添加新图元。在"集合"面板中

"窗选择集"名称处单击鼠标右键,弹出如图5-3所示的快捷菜单,在快捷菜单中选择"更新",将该选择集更新为当前选择状态。

Step07重复第5)步操作,注意,再次单击"窗选择集"时,Navisworks 将选择上一步中定义的选择状态。

Step08单击"集合"面板中"添加注释"  按钮,弹出"添加注释"对话框。如图5-4所示,可以在"添加注释"对话框中为当前的选择集输入注释信息,以方便其他人理解该选择集的意义。单击"确定"按钮完成添加注释操作。

图5-3   图5-4

Step09切换至"审阅"选项卡。确认"注释"选项卡中的"查看注释"工具已经激活。该工具将打开"注释"工具窗口,如图5-5所示。

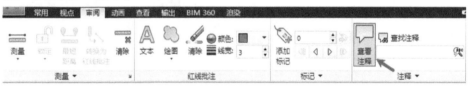

图5-5

Step10展开"注释"工具窗口,默认情况下,该工具窗口将隐藏在 Navisworks 窗口右下角位置。单击 按钮将面板修改为固定窗口面板状态。

Step11单击"集合"面板中的"窗选择集"集合,注意在"注释"面板中将显示针对该选择集的注释信息,如图5-6所示。

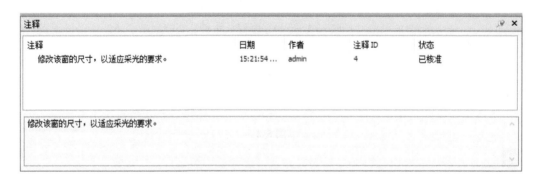

图5-6

Step12在"注释"面板中单击选择注释信息,单击鼠标右键,弹出如图5-7所示的快捷菜单,通过"编辑注释"对注释信息进行修改或使用"删除注释"将所选择的注释信息删除。在本操作中选择"添加注释"选项,弹出"添加注释"对话框,在该对话框中为选择集继续添加新的注释信息,形成针对该选择集图元的意见讨论。

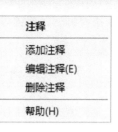

图 5-7

Step⑬如图 5-8 所示，注意，在"编辑注释"对话框的底部提供了注释"状态"列表。Navisworks 提供了"新建""活动""已核准""已解决"四种状态，用于对注释讨论意见的记录。在本操作中，修改该注释的状态为"已核准"，表示该注释的内容已经通过审批。单击"确定"按钮完成该注释的编辑。

Step⑭在"集合"面板中单击选择"条形窗"选择集，注意，Navisworks 除选择该选择集中的所有图元外，"注释"面板中将自动更新至"条形窗"选择集中记录的注释信息，如图 5-9 所示。

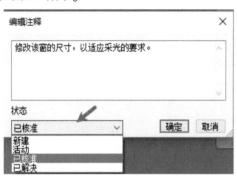

图 5-8

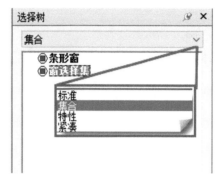

图 5-9

Step⑮至此完成选择集练习。关闭该场景文件，不保存对文件的修改。

Navisworks 在"集合"面板中还提供了"新建文件夹"等相关的操作，用于对选择集进行进一步的分类和管理，配合注释功能，可以实现对项目内容的完整讨论、记录。Navisworks 会自动记录添加注释的"作者"信息和注释的状态，用于跟踪讨论的结果。Navisworks 会自动读取 Windows 当前用户名称作为"作者"信息。

在场景中保存选择集后，"选择树"工具面板中将出现"集合"选项，切换至该模式下，可以查看当前项目中所有可用的选择集，单击各选择集名称可选择该选择集中的图元。注意，在"选择树"面板中，用户仅可浏览和选择场景中的选择集，无法对选择集进行添加、复制、重命名等管理。

5.2 使用搜索集

Navisworks 中的模型属于 BIM 模型，Navisworks 中的场景不仅具有三维几何信息，还具备功能、流量、材质等不同的信息。在第 4 章，通过使用 Navisworks 的"Appearance Profiler"工具，利用场景中的信息对不同功能的风管进行颜色替代。灵活运用信息属性，还可以精确地对项目中的图元进行选择。

Navisworks 提供了搜索工具，可以根据指定的信息条件对当前场景中的各图元进行匹配检索，并根据这些条件选择满足条件的图元，还可以保存或导出这些搜索条件，用于对搜索进行管理。

5.2.1 使用搜索条件

若要在 Navisworks 中使用搜索集，必须设置指定的搜索条件。搜索条件可以是单独的参数，也可以是几个参数的组合。

下面通过练习，学习如何在 Navisworks 中使用搜索集。

Step①打开随书资源中的"练习文件\第 5 章\5-2.nwd"场景文件。该文件为地下室车库场景文件。切换至"管线视角"视点位置。

图 5-10

Step②如图 5-10 所示，在"常用"选项卡的"选择和搜索"面板中单击"查找项目"工具，打开

"查找项目"工具窗口。

🔊 提 示

　　查找项目的快捷键为〈Ctrl + F3〉。

　　Step03如图 5-11 所示，在"查找项目"面板左侧的"搜索范围"中以选择树的方式列举了当前场景中所有可用的资源；单击"WHNW-AC-B4. nwc"文件名称，即在该文件范围内进行搜索；在右侧搜索条件中，分别确定"元素"的"系统分类""值""＝""排风"；该信息表示选择"特性"面板中"元素"选项卡的"系统分类"特性中的值为"排风"的图元。

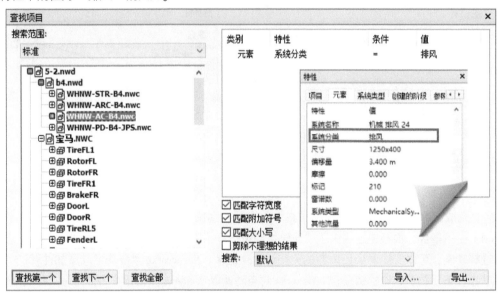

图 5-11

🔊 提 示

　　明确搜索范围可加快搜索计算的速度。

　　Step04确认勾选"匹配字符宽度""匹配附加符号""匹配大小写"复选框，确认"搜索"的方式为"默认"；单击"查找全部"按钮，Navisworks 将自动查找当前选择文件中所有满足"元素"选项卡的"系统分类"特性中的值为"排风"的图元，并在场景视图中高亮显示。

　　Step05如图 5-12 所示，单击"集合"工具窗口中的"保存搜索"按钮，将上一步中创建的搜索结果保存为搜索集，重命名该搜索集名称为"排风系统"。

🔊 提 示

　　Navisworks 用图标██表示搜索集。

图 5-12

　　Step06按〈Esc〉键退出当前选择集。再次单击"集合"窗口中保存的"排风系统"搜索集，Navisworks 将自动选择满足该搜索条件的所有图元。

　　Step07单击"集合"工具窗口中的"复制"工具，复制新建搜索集。将复制后搜索集重命名为"送风系统"。

　　Step08单击"送风系统"搜索集。注意，在"查找项目"工具窗口中，将显示该搜索集中已设置的搜索条件。如图 5-13 所示，修改"值"为"送风"，单击"查找全部"按钮，Navisworks 将自动查找所有满足"元素"选项卡的"系统分类"特性中的值为"送风"的图元，并在场景视图中高亮显示。

Step⑨在"集合"工具窗口中，用鼠标右键
单击"送风系统"搜索集名称。在弹出的快捷
菜单中选择"更新"命令，更新当前搜索集的
搜索设置。依次单击"排风系统"和"送风系

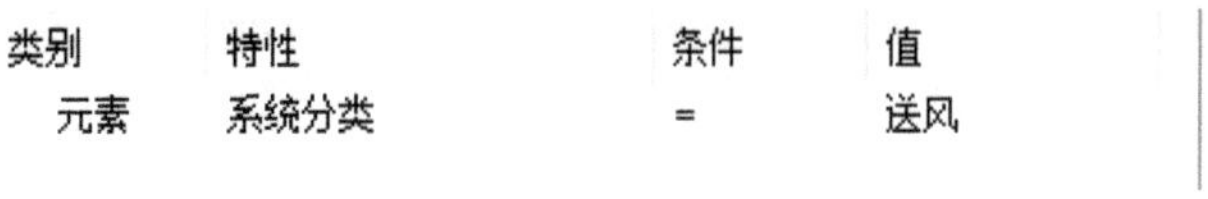

类别	特性	条件	值
元素	系统分类	=	送风

图 5-13

统"搜索集，在搜索集间进行选择切换，注意 Navisworks 将自动选择不同条件下的场景图元。

下面使用查找条件来查找当前项目中所有的结构柱与结构框架。

Step⑩打开"查找条件"工具窗口。如图 5-14 所示，在"搜索范围"中选择"WHNW-STR-B4. nwc"
文件；设置查找条件如图 5-14 中右侧所示，分别设置"元素"的"类别"值为"="结构框架"和
"结构柱"。

图 5-14

Step⑪由于在本例中不是要选择"结构框架"，就是要选择"结构柱"，因此上述两个选择条件应为
"或"的关系。用鼠标右键单击第二行选择条件，在弹出如图 5-15 所示的快捷菜单中，选择"OR 条件"，
Navisworks 将在第二行条件前出现"＋"，表示将搜索包含第一行条件和第二行条件信息的图元，结果如
图 5-16 所示。

Step⑫单击"查找全部"按钮，Navisworks 将搜索源文件中所有满足"元素"选项卡的"类别"特性
中的值为"结构框架"以及"结构柱"的图元。

图 5-15

图 5-16

Step⑬用鼠标右键单击"集合"面板中空白位置，在弹出的快捷菜单中选择"保存搜索"命令，重命
名搜索集名称为"结构框架与结构柱"，Navisworks 将在"集合"面板中保存该搜索集内容。依次单击

"集合"面板中各搜索集名称在搜索集中进行切换,注意 Navisworks 将自动选择各搜索集对应的图元。

🔊 **提 示**

注意在切换搜索集时,"查找项目"面板中的搜索条件将显示当前选择搜索集中存储的搜索条件。

Step⑭单击"集合"面板中的"导入\导出"按钮,如图 5-17 所示,在弹出的列表中单击"导出搜索集"选项,Navisworks 将弹出"导出"对话框。在该对话框中,输入导出的文件名称并指定文件保存的位置,单击"保存"按钮,将场景中的搜索集保存为 xml 格式。

Step⑮至此完成查找搜索集的使用练习。关闭该场景文件,不保存对文件的修改。

在导出搜索集文件后,用户可以随时单击"集合"面板的"导入\导出"工具下拉列表中"导入搜索集"选项,导入保存的搜索集。Navisworks 在搜索集文件中存储了搜索的条件,在导入搜索文件、选择搜索集名称后,并不会自动选择该搜索集中对应的图元,必须再次单击"查找项目"面板中的"查找全部"按钮以选择当前项目满足搜索条件的

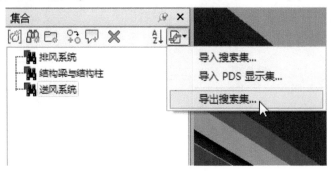

图 5-17

图元。Navisworks 通过搜索集文件以方便在不同项目间共享相同条件的搜索集设置。

Navisworks 提供了几种不同的设置条件。如图 5-18 所示,搜索"条件"选项可设置为"="、"不等于"、"包含"、"通配符"、"已定义"、"未定义"。如果使用的"特性"为数值类型的特性名称,如图 5-19 所示,则还可以选择数学判断式"="、"不等于"、"<"、"<="、">"、">="。在搜索文字类型的值时,除直接在列表中选择外,还可以使用通配符。

图 5-18

图 5-19

各条件的含义见表 5-1。

表 5-1

条 件	含 义	示 例
=	特性值完全匹配的图元	"系统分类"="送风",只匹配系统分类参数值为"送风"的图元
不等于	特性值除设置值以外的图元	"系统分类"不等于"送风",匹配系统分类参数值不为"送风"的图元(图元特性中必须包含系统分类特性字段)
包含	特性值中包含指定值或指定字符的图元	"系统分类"包含"风",匹配系统分类参数值中包含"风"的所有图元
通配符	Navisworks 支持? 和 * 两种通配符。? 通配任意字符,* 通配任意字符串	"类别"通配符"结构?",匹配结构柱、结构墙,但不匹配结构框架;"类别"通配符"结构 *"匹配结构柱、结构墙、结构框架等
已定义	匹配特性中定义了该特性值的所有图元	"系统分类"已定义,匹配场景中所有含有系统分类特性参数的图元,如风管、水管、管件等

（续）

条 件	含 义	示 例
未定义	匹配特性中不包含该特性值的所有图元	"系统分类"未定义，匹配场景中所有不含有系统分类特性参数的图元，如墙、门、窗等
数学运算符	=、不等于、<、<=、>、>=，用于数值类参数的条件判断	高度>=100，只匹配高度值大于或等于100的图元，忽略其他图元

　　对于多条件的查找，Navisworks 提供了三种条件组合的方式，分别为 AND、OR、NOT。AND、OR 和 NOT 三个不同的逻辑组合含义见表 5-2。Navisworks 在默认情况下，条件间均为 AND 的逻辑组合。用户可以在多个条件间组合使用查找条件语句，以过滤和选择复杂的图元。

表 5-2

条 件	说 明	示 例
AND	匹配条件 1 与条件 2 必须同时满足时	"类型" = "楼板"，"厚度" = "100"；选择类型为"楼板"且厚度为"100"的图元
OR	匹配条件 1 或条件 2 任意一个满足时	"类型" = "结构柱"，or "类型" = "结构框架"；选择类型为"结构柱"或"结构框架"的图元
NOT	匹配满足条件 1 且不满足条件 2 时	"类型" = "楼板"，not "厚度" > "100"；仅选择厚度小于或等于"100"的楼板图元

　　合理利用搜索条件的组合，可以精确选择 Navisworks 场景中任意类型的图元。注意，在查找时，Navisworks 可以区分查找关键词的大小写。再次强调，由于 Navisworks 的搜索是基于信息的组合搜索，信息的规则组织是高效使用搜索工具完成图元选择的基础。

5.2.2 搜索集与选择集的比较

　　Navisworks 既可以在"集合"面板中保存选择集，又可以在"集合"面板中保存搜索集。二者均可实现对图元选择的管理，但两种图元选择的管理方式存在较大的区别。

　　使用选择集可以方便灵活控制图元的数量，可根据需要随时添加或减少选择集中的图元，通常用于动画制作、场景查看等过程。但选择集仅可用于当前场景中，不可将已定义的选择集导出为外部 xml 格式文件。当场景中的图元发生修改或变化时，选择集可能会失效。

　　而使用搜索集的方式则保存了搜索的条件，它将选择所有满足搜索条件的图元，无法手动任意增加或减少搜索集中的图元，除非修改查找条件。搜索集可以导出为外部 xml 格式的文件，可以在不同的项目间传递搜索条件，提高搜索工作效率。

　　对于搜索集的选择功能、用途等满足相同要求的图元，都可用于场景中的管理。例如，对场景中各类型的管线进行碰撞检查时，利用搜索集可以轻松地区分各系统的管线分类，从而进行更加详细的冲突检测工作。在如图 5-20 所示的工业厂房项目场景中，利用查找功能可区分出不同的管道子系统，并利用搜索集名称为不同的管线自动附着对应

图 5-20

颜色的材质，同时利用搜索集区分出的管线子系统参与各子系统间的冲突检测，从而得出更详细的冲突分析结果。

在场景中保存搜索集，当场景发生变化时，如更新了场景中链接的 nwc 文件，Navisworks 会自动重新在当前场景中进行搜索，以更新搜索结果，这使工程设计过程中的验证变得十分高效。例如，在 Navisworks 中发现设计冲突后，回到 Revit 中对冲突进行变更和修改，再重新导入至 Navisworks，可以使用搜索集对更新后的同条件图元进行选择并进行再次冲突检测。

在 Navisworks 中，搜索集可以转换为选择集。单击"集合"面板中任意搜索集，选择该集合中图元，将所选择的图元重新在"集合"面板中保存为选择集即可。

灵活运用选择集与搜索集可以大大增强 Navisworks 的工作效率。再次强调，要更好地发挥搜索集的功能，必须注意，在创建原 BIM 数据时必须包含规则一致的信息。

5.2.3　快速搜索与选择相同对象

除使用"查找项目"工具面板进行项目查找之外，Navisworks 还提供了快速查找功能。快速查找可以用于查找当前项目场景中任意位置的特性值。如图 5-21 所示，在"常用"选项卡的"选择和搜索"面板中提供了"快速查找"输入框。在"快速查找"输入框中输入任意字段值，单击"快速查找"按钮，Navisworks 将自动在当前场景中进行查询，并选择所查找到第一个包含该值的图元。再次单击"快速查找"按钮或按〈F3〉键将继续查找下一个包含该值的图元。

本书在第 4 章中，介绍了 Navisworks 中"选择相同对象"工具的使用。"选择相同对象"工具提供了一系列选择与当前已选择对象图元信息一致的其他图元的快速查找方式。例如，快速选择与当前图元同名的图元，或与当前图元同类型的图元等。

图 5-21

使用查找项目工具，指定适当的查找条件，可实现与"选择相同对象"列表中相同的选择效果，如图 5-22 所示。例如，实现"选择相同的 Revit 类型"的方式，可设定选择条件为"Reivt 类型"中"名称"特性"等于"名称"值"即可，如图 5-23 所示。

使用"选择相同对象"的方式可以自动根据当前所选择的图元情况，自动应用相应的过滤条件，实现快速选择条件应用。

5.2.4　选择检验器

Navisworks 提供了"选择检验器"工具，可以根据设定的快捷特性对选择集中的图元进行特性查看。如图 5-24 所示，单击"选择和搜索"面板中的"选择检验器"工具可打开"选择检验器"对话框。

图 5-22

类别	特性	条件	值
Revit 类型	名称	=	排风风管

图 5-23

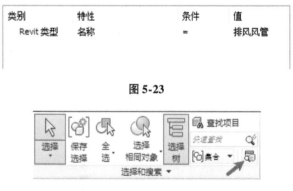

图 5-24

在"选择检验器"对话框中，可以对当前选择集中图元的快捷信息进行查看。如图 5-25 所示，Navisworks 将分别列出当前选择集中所有图元的对象级别以及快捷特性。通过快捷特性中显示的图元信息，可以及时对比查看不满足条件的图元。单击"选择检验器"对话框中各图元前"显示项目" 按钮，Navisworks 将自动缩放至该图元以方便用户详细查看该图元的位置和几何信息；单击 按钮可以将不满足要求的图元从选择集中移除。完成选择检查后，单击"保存选择"按钮可将当前选择以选择集的方式保存在"集合"面板中。

单击"选择检验器"中的"导出"工具，可将当前选择集各图元的快捷特性导出为 csv 格式的文件，使用 Microsoft Excel 可查看 csv 文件中相关列表信息。

单击"快捷特性定义"按钮将打开"选项编辑器"对话框，对快捷特性进行自定义。本书在第 4 章中详细介绍了如何自定义快捷特性，请读者参考相关章节，在此不再赘述。

图 5-25

5.3 与 Autodesk Revit 联用

目前最流行的 BIM 创建工具为 Autodesk Revit。Navisworks 可以很好地支持 Revit 中创建的模型和信息，并支持与 Revit 交互使用。

Navisworks 2019 版本支持直接打开 Revit 的存档格式：rvt、rfa、rte，在安装 Navisworks 后，还将在 Revit 中安装导入/导出插件。如图 5-26 所示，安装后会在 Revit 界面的"附加模块"选项卡中生成"外部工具"下拉列表，在列表中可以选择"Navisworks 2019"或"Navisworks SwichBack 2019"两个插件。

图 5-26

其中，Navisworks 2019 插件用于将 Revit 当前场景导出为 nwc 格式的 Cache 文件。如图 5-27 所示，用户可以在"Navisworks 选项编辑器-Revit"对话框中设置将当前 Revit 场景导出为 nwc 格式文件的选项，如设置导出的视图是否导出房间空间模型等。当 Revit 中存在链接的 rvt 模型文件时，勾选"转换链接文件"复选框可以同时将链接的模型一并导出。

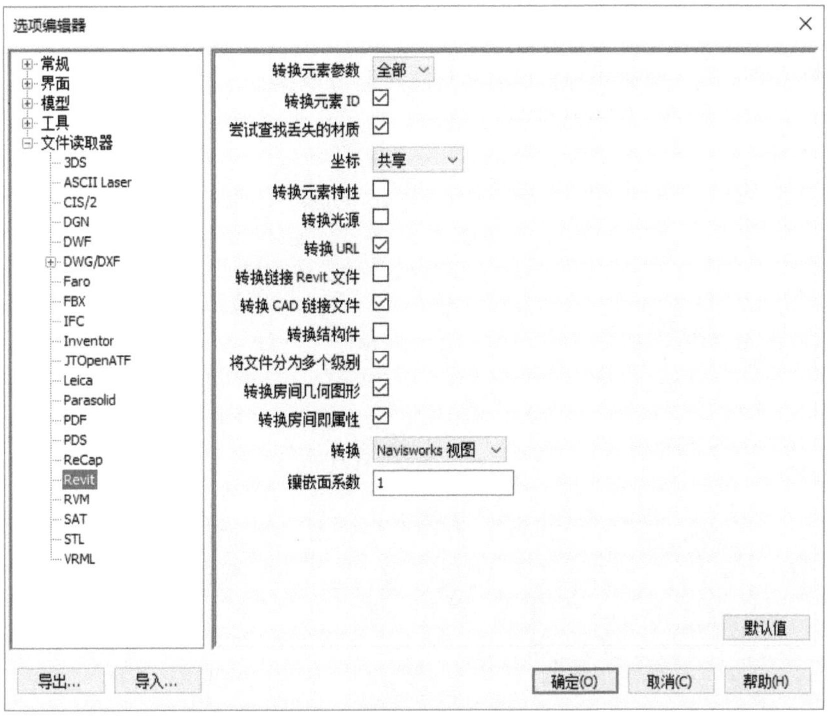

图 5-27

Navisworks SwitchBack 工具用于与 Navisworks 间进行交互操作。使用该工具时，必须首先打开包含相同场景的 Revit 文件以及 Navisworks 场景文件。首先在 Revit 中单击启用 Navisworks Switch Back 工具，再在 Navisworks 中选择图元，如图 5-28 所示，在"项目工具"上下文选项卡的"返回"面板中单击"返回"工具，系统将自动切换至 Revit 中，且自动选择与 Navisworks 中相同的图元。

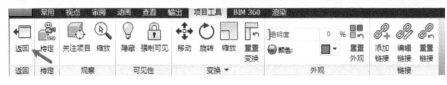

图 5-28

Navisworks SwitchBack 工具还将创建名为"Navisworks SwitchBack"的三维视图，如图 5-29 所示，该视图将与 Navisworks 中视点位置保持一致，方便用户对源数据模型进行修改。

利用 Navisworks，结合 Navisworks SwitchBack 工具，可以在 Navisworks 和 Revit 之间进行自由切换，方便用户在 Navisworks 中检视和发现问题，及时返回 Revit BIM 数据创建工具中对其进行修改和变更。

注意，只有在安装了 Autodesk Revit 之后再安装 Navisworks，才能在 Revit 中出现"附加模块"选项卡。

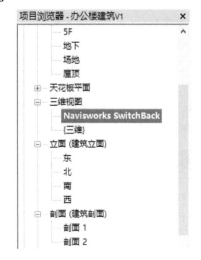

图 5-29

本 章 小 结

本章介绍了 Navisworks 中选择集的管理，以及对选择集进行批注信息的管理方法和步骤。在 Navisworks 中，用户可以充分利用信息进行查找和搜索，并对查找和搜索的结果进行管理。利用不同的搜索条件组合可以得到任意的搜索集，用于场景的管理和检视。

Navisworks 支持与 Revit 之间的联用，通过 Navisworks SwitchBack 工具可以将 Navisworks 中的选择图元切换至 Revit 中进行显示，该工具还将创建名称为"Navisworks SwitchBack"的三维视图，用于显示与 Navisworks 中当前场景的视图完全一致的视角。

本章内容是 Navisworks 高级应用的基础，灵活运用本章的选择集管理功能，是在 Navisworks 中进行冲突检测、4D 动画模拟的基础，请读者务必掌握并加以灵活运用。

三维模型间的冲突检测是三维 BIM 应用中最常用的功能。Navisworks 提供了 Clash Detective（冲突检测）模块，用于完成三维场景中所指定任意两个选择集图元间的碰撞和冲突检测。Navisworks 将根据指定的条件，自动找到干涉冲突的空间位置，并允许用户对碰撞的结果进行管理。

Navisworks 还提供了测量、红线标记等工具，用于在 Navisworks 场景中进行测量，并对场景中发现的问题进行红线标记与说明。本章中将介绍这些工具的使用方法。

6.1 冲突检测

Navisworks 的 Clash Detective 工具可以检测场景中的模型图元是否发生干涉。Clash Detective 工具将自动根据用户所指定两个选择集中的图元间，按照指定的条件进行碰撞测试，当满足碰撞的设定条件时，Navisworks 将记录该碰撞结果，以便于用户对碰撞的结果进行管理。注意，只有 Navisworks Manager 版本中才提供 Clash Detective 工具模块。

6.1.1 使用冲突检测

Navisworks 提供了四种冲突检测的方式，分别是硬碰撞、硬碰撞（保守）、间隙和重复项。其中，硬碰撞和间隙是最常用的两种方式，硬碰撞用于查找场景中两个模型图元间发生交叉、接触方式的干涉和碰撞冲突，而间隙的方式则用于检测所指定未发生空间接触的两个模型图元之间的间距是否满足要求，所有小于指定间距的图元均被视为碰撞。重复项方式则用于查找模型场景中是否有完全重叠的模型图元，以检测原场景文件模型的正确性。

在 Navisworks 中进行冲突检测时，必须先创建测试条目，指定参加冲突检测的两组图元，并设定冲突检测的条件。下面通过对机电与结构模型间的冲突检测练习，说明在 Navisworks 中使用冲突检测的一般步骤。

Step01 打开随书资源中的"练习文件\第 6 章\6-1-1.nwd"场景文件，切换至"室内视点"视点位置。该视点显示了地下室机电主要管线的布置情况。

Step02 在"常用"选项卡的"选择和搜索"面板中单击"集合"下拉列表，在列表中单击"管理集"选项，打开"集合"面板。注意，在当前场景中已保存了名称为"送风系统"的选择集和名称为"排风系统"的搜索集。

Step03 如图 6-1 所示，在"常用"选项卡的"工具"面板中单击"Clash Detective"工具，打开"Clash Detective"工具窗口。

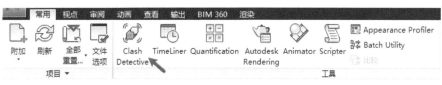

图 6-1

Step04 在"Clash Detective"工具窗口中，首先添加冲突检测项目。如图 6-2 所示，单击左上角碰撞检测项目列表窗口位置展开该窗口。单击底部"添加测试"按钮，在列表中新建碰撞检测项目，Navisworks 默认命名为"测试 1"；双击"测试 1"进入名称编辑状态，修改当前冲突检测项目名称为"暖通 VS 结构检测"，按〈Enter〉键确认。

🔊 提示

> 再次单击碰撞检测项目列表窗口将收起该窗口。

Step05任何一个冲突检测项目都必须指定两组参与检测的图元选择集。如图 6-3 所示，Navisworks 显示了"选择 A"和"选择 B"两个选择树。确认"选择 A"中选择树的显示方式为"标准"，选择"WHNW-AC-B4.nwc"文件，该文件为当前场景的暖通专业模型文件；单击底部"曲面"  按钮激活该选项，即所选择的文件中仅曲面（实体）类图元参与冲突检测；使用类似的方式指定"选择 B"为"WHNW-STR-B4.nwc"文件，其他选项如图 6-3 所示。

Step06设置完成后，单击底部"设置"选项组中的"类型"下拉列表，如图 6-4 所示，在类型列表中选择"硬碰撞"，该类型碰撞检测将空间上完全相交的两组图元作为碰撞条件；设置"公差"为"0.05m"，当两图元间碰撞的距离小于该值时，Navisworks 将忽略该碰撞。勾选底部"复合对象碰撞"复选框，即仅检测第 5）步所指定的选择集中复合对象层级模型图元。完成后单击"运行测试"按钮，Navisworks 将根据指定的条件进行冲突检测运算。

图 6-2

图 6-3

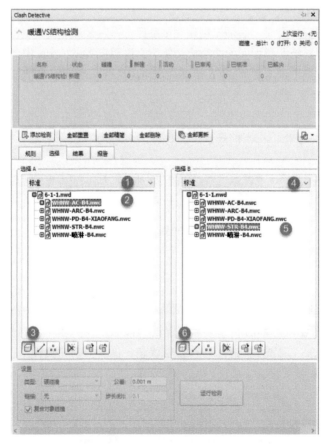

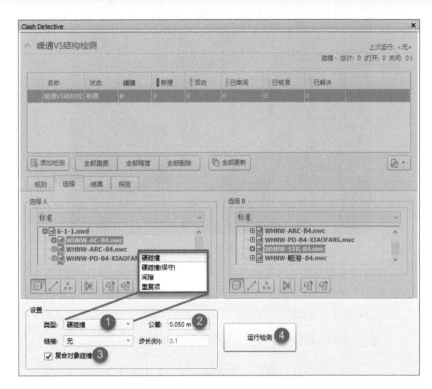

图 6-4

提示

公差值的单位与 Navisworks 中当前场景的单位设置有关。

Step**07**运算完成后，Navisworks 将自动切换至"Clash Detective"的"结果"选项卡，如图 6-5 所示，本次冲突检测中的结果将以列表的形式显示在"结果"选项卡。

图 6-5

Step**08**单击任意碰撞结果，Navisworks 将自动切换至该视图，以查看图元碰撞的情况，如图 6-6 所示。

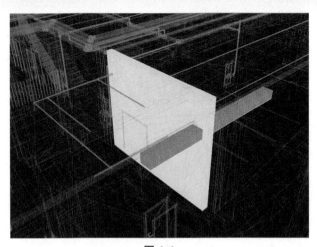

图 6-6

> ◀) **提 示**
>
> Navisworks 会自动为每个碰撞创建视点，以便于观察碰撞检测的结果。该视点位置会在查看冲突检测结果时自动切换，不会保存在"视点"工具窗口中。

Step09 重复第 4) 步，单击"添加测试"按钮，在任务列表中添加新的冲突检测任务，修改名称为"排风 VS 消防检测"。

Step10 如图 6-7 所示，设置"选择 A"中选择树的显示方式为"集合"，在保存的选择集列表中选择"排风系统"搜索集，确认冲突检测的图元类别为"曲面"；设置"选择 B"中选择树显示方式为"标准"，在选择树中选择"WHNW-PD-B4-XIAOFANG.nwc"文件，该文件为消火栓系统模型文件，确认冲突检测的图元类别为"曲面"。

图 6-7

Step11 确认冲突检测的"类型"为"硬碰撞"；设置"公差"为"0.05m"，即仅检测碰撞距离大于 0.05m 的碰撞；确认勾选"复合对象碰撞"复选框，完成后单击"运行测试"按钮，对所选择图元进行冲突检测运算。

Step12 冲突检测运算完成后，Navisworks 将自动切换至"结果"选项卡，在碰撞检测任务列表中列出本次检测共发现碰撞 12 个，注意，其中状态为"新建"的冲突结果为 12 个，如图 6-8 所示。

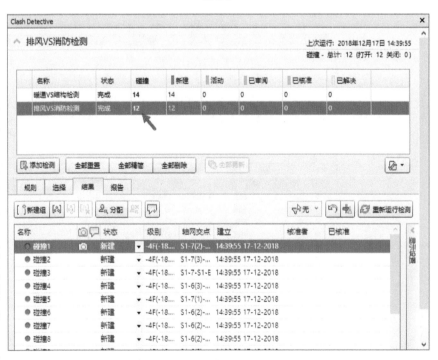

图 6-8

Step⑬切换至"选择"选项卡。修改"公差"为"0.01m",单击选择集空白处任意位置,注意,此时"Clash Detective"任务列表中将出现过期符号⚠️,表明该任务中显示的检测结果已经过期,同时显示任务"状态"为"旧",如图6-9所示。

图 6-9

Step⑭单击"运行测试"按钮,重新进行冲突检测运算。完成后将自动切换至"结果"选项卡。注意此时冲突检测任务列表中显示碰撞数量为22个,且新建碰撞状态为10个,活动碰撞状态为12个,如图6-10所示。

图 6-10

Step⑮单击冲突检测任务列表中"添加测试"按钮,新建名称为"结构重复项检测"的冲突检测任务。

Step⑯如图6-11所示,设置"选择A"中选择树显示方式为"标准",选择"WHNW-STR-B4.nwc"文件,确认冲突检测的图元类别为"曲面";同样设置"选择B"中选择树显示方式为"标准",选择"WH-NW-STR-B4.nwc"文件,确认冲突检测的图元类别为"曲面";设置冲突检测"类

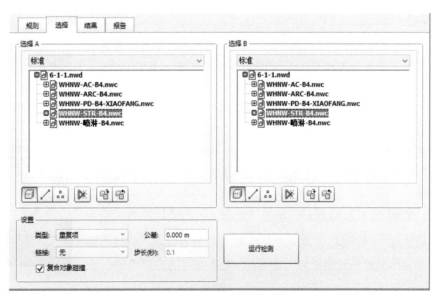

图 6-11

型"为"重复项";设置"公差"为"0.00m",勾选"复合对象碰撞"复选框。

Step⑰单击"运行测试"按钮,运算完成后将自动切换至"结果"选项卡。单击任意冲突检测结果,

Navisworks 将切换视点以显示该冲突结果。

Step⑱如图6-12所示，单击"Clash Detective"工具窗口底部"项目"展开按钮，展开"项目"窗口。取消勾选"项目2"中的"高亮显示"复选框，注意视图窗口中该楼梯模型图元将不再高亮显示，在本场景中显示为绿色。单击"选择"工具，选择该图元。在"项目工具"上下文选项卡的"可见性"面板中单击"隐藏"工具，隐藏该图元。注意，场景中还存在完全相同的楼梯图元。

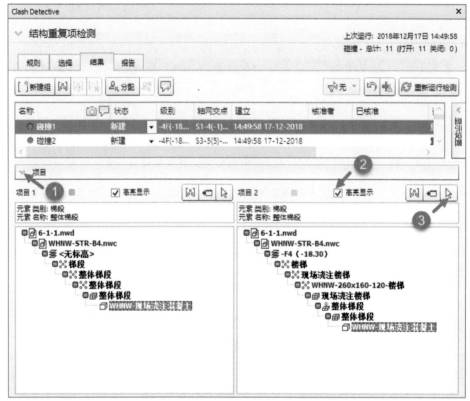

图 6-12

🔊 **提 示**

> 隐藏图元可能会影响冲突检测结果，因此在隐藏图元后，Navisworks 会将当前场景中已有的冲突检测任务标记为"旧"。

除空间接触式冲突检测外，Navisworks 还可以检测管道的净空是否符合安装要求。下面以管道最小安装间距要求 25cm 为例，查看指定管道间距是否低于此净空要求。

Step⑲新建名称为"管线净空检测"的新冲突检测任务。使用"保存的视点"工具面板切换至"管线净空检测"视点。确认当前"选取精度"为"最高层级的对象"。如图6-13所示，配合〈Ctrl〉键，从左至右分别选择当前视图中四根主消防管线。

Step⑳如图6-14所示，单击"选择 A"选项组中的"使用当前选择" 🔲 按钮，将当前选择集图指定为碰撞选择 A，确认冲突检测的图元类别为"曲面"；使用相同的方式单击"选择 B"选项组中的"使用当前选择" 🔲 按钮，将当前选择集图指定为碰撞选择 B，确认冲突检测的图元类别为"曲面"；

图 6-13

设置当前冲突检测"类型"为"间隙"，设置"公差"为"0.25m"，即所有图元间距小于0.25m的均视为碰撞；确认勾选"复合对象碰撞"复选框，完成后单击"运行测试"按钮进行冲突检测运算。

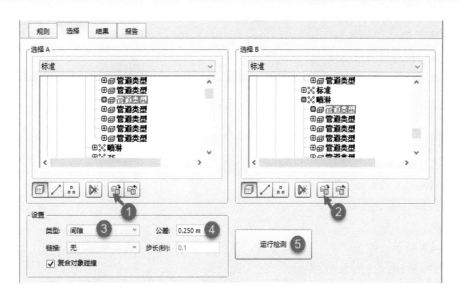

图 6-14

Step㉑完成后，Navisworks 将自动切换至 "结果" 选项卡。此次检测出两个冲突，确认勾选结果。单击 "碰撞 1"，将自动切换至该碰撞视点。展开 "Clash Detective" 底部 "项目" 窗口面板，确认勾选了项目 1 及项目 2 的 "高亮显示" 复选框。

图 6-15

Step㉒再次切换至 "管线净空检测" 视点位置。配合〈Ctrl〉键选择高亮显示管道图元，如图 6-15 所示，在 "审阅" 选项卡的 "测量" 面板中单击 "最短距离" 工具，Navisworks 将自动测量并标注所选择管道的最短距离。

Step㉓如图 6-16 所示，所选择管道间最短距离为 0.21m，小于设定的 0.25m 最小净间距，因此 Navisworks 将其视为碰撞。

图 6-16

🔊 提 示

使用 "最短距离" 时，Navisworks 会在所选择图元的最近点之间生成尺寸标注，并自动缩放视图，以便于显示标记点。关于 Navisworks 中测量的详细信息参见第 6.2 节相关内容。

Step㉔使用相同方式，查看其他碰撞结果，两管道间最短距离为 0.22m，小于允许的最小净间距。

Step㉕单击冲突检测任务列表中的 "排风 VS 消防检测"，Navisworks 将在 "Clash Detective" 的 "结

果"选项卡列表中显示该任务的冲突检测结果。切换至其他任务名称，注意 Navisworks 分别在不同的任务中记录了已经完成的冲突检测结果。

Step26 如图 6-17 所示，单击冲突检测任务列表下方的"全部重置"按钮，Navisworks 将清除任务列表中所有任务的已有结果。单击"全部更新"按钮，Navisworks 将重新对任务列表中的冲突检测任务进行检测，以得到最新的结果。

Step27 如图 6-18 所示，单击"导入/导出碰撞检测"按钮，在列表中单击"导出碰撞检测"选项，弹出"导出"对话框，可以将冲突检测列表中的任务导出为 xml 格式的文件，以备下次使用"导入碰撞检测"选项导入项目中进行再次检测。

Step28 到此完成本练习操作。关闭该场景文件，不保存对场景文件的修改。

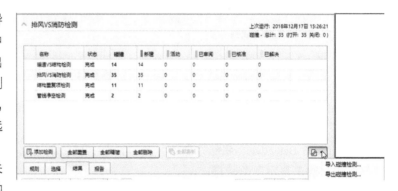

图 6-17

图 6-18

Navisworks 中的"硬碰撞"用于检测空间中具有实际相交关系的两组图元间的冲突结果，通常用于检测如管线穿梁、给水排水管线与空调管线间干涉等情况。"间隙"方式通常用于判断两组平行图元间的间距，如带有保温层要求的管线间、预留的保温层空间及检修空间等。这两种检测方式的结果均受"公差"的影响，公差控制冲突检测过程中可忽略的差值，该差值可认为在现场灵活处理，公差越大，Navisworks 忽略的结果将越多。

用 Navisworks 进行算量工作时，必须保证模型中不存在重复创建的图元，因此使用"重复项"冲突检测方式，可以查找出模型场景中是否存在重复图元，以确保计算结果的正确性。

Navisworks 还提供了"硬碰撞（保守）"的碰撞检测方式，该方式的使用方法与"硬碰撞"完全相同，不同之处在于使用"硬碰撞（保守）"进行冲突检测时，Navisworks 在计算两组对象图元间是否冲突时采用更为保守的算法，将得到更多的冲突检测结果。

Navisworks 中所有模型图元均由无数个三角形面构成。"硬碰撞"时，Navisworks 将计算两图元三角形的相交距离。对于两个完全平等且在末端轻微相交的图元（如管道），构成其主体图元的三角形都不相交，则会在"硬碰撞"计算时忽略该碰撞。而"硬碰撞（保守）"的方式将计算此类相交冲突的情况。对于 Navisworks 来说，它是一种更加彻底、更加安全的碰撞检查方法，但也将带来更大的运算量和可能错误的运算结果。

Navisworks 利用任务列表来管理不同的冲突检测内容，并可以使用"全部重置""全部更新"等功能对任务列表进行更新和修改。如果要重置指定的任务，可以在任务名称上单击鼠标右键，在弹出如图 6-19 所示的快捷菜单中选择"重置"命令，重置当前选择的任务，并选择"运行"命令来重新运行冲突检测。

图 6-19

6.1.2 冲突检测选项

在进行冲突检测时，Navisworks 可以分别控制"选择 A"和"选择 B"选择集中参与冲突检测的类型，如图 6-20 所示，在选择树窗口下方提供参与冲突检测运算图元类别的按钮，用于控制参与冲突检测的图元。单击任意按钮可激活该图元类别，再次单击将取消该图元类别。

图 6-20

提 示

必须确保至少一个图元类别保持激活状态。

各图标的含义详见表 6-1。

表 6-1

图　标	名　　称	含　　义
	曲面	选择集中的曲面（实体）图元参与冲突检测，如梁、管道、结构柱等
	线	选择集中的线图元参与冲突检测，如导入 DWG 图形中的线
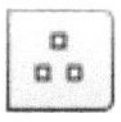	点	选择集中的点图元参与冲突检测，如导入的点云文件中的点
	自相交	判断当前选择集内部的图元参与冲突检测，以确定内部是否存在冲突，如判断暖通专业内部管线是否存在碰撞冲突
	使用当前选择	当场景中存在已选择的图元时，该图元参与冲突检测
	在场景中选择	在场景中选择并高亮显示“选择树”中已选择的图元或选择集

除使用上述方式指定选择集中的图元类型外，用户还可以勾选“设置”中“复合对象碰撞”复选框，该复选框将限制选择集中的所有“复合对象”类别图元参与冲突检测运算，用于控制选择集的选择精度。

除静态冲突检测外，在施工过程中也可能产生图元冲突。例如，大型机电设备在运输过程中可能与其他图元发生干涉冲突。如图 6-21 所示，在“Clash Detective”工具窗口的“设置”选项组中可以使用“链接”选项关联由 TimeLiner 模块或 Animator 模块定义的施工顺序动画及过程动画，用于判断在动画过程中是否与其他图元发生干涉。关联动画场景后，还可以指定动画检测的“步长”，用于指定对该动画进行冲突检测运算的时间步长。步长值越小，则参与运算的精度越高。

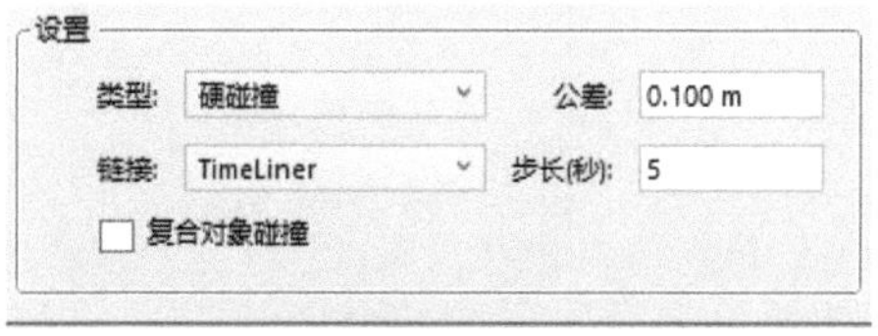

图 6-21

注意，Navisworks 一次只能对一个链接动画进行冲突检测，如果需要对多个动画进行检测，可以创建多个冲突检测任务列表。

本书第 8 章将详细介绍如何在 Navisworks 中完成场景动画，第 10 章将介绍如何使用 TimeLiner 模块完成场景 4D 施工模拟动画，请读者参考对应章节内容，在此不再赘述。

除上述冲突检测控制方式外，Navisworks 还提供了"规则"选项，用于控制冲突检测任务中碰撞任务的检测规则。在"Clash Detective"工具窗口中，"选择 A""选择 B"中满足"规则"条件的图元将不参加冲突检测计算。例如，在检测排风系统和送风系统的冲突检测任务中，如果这两个系统在同一个原始文件内（即同一个源文件中包含的排风系统和送风系统），将不参加冲突检测，而只检测不同源文件中的排风系统及送风系统是否存在冲突。

下面通过练习，说明如何在冲突检测过程中使用"规则"，并体会"规则"带来的影响。

Step01打开随书资源中的"练习文件 \ 第 6 章 \ 6-1-2. nwd"场景文件。打开"Clash Detective"工具窗口，注意默认已经创建了名称为"排风 VS 送风检测"的冲突检测任务。

Step02不修改任何设置，单击"任务"选项卡中的"运行测试"按钮，Navisworks 将自动进行冲突检测运算，

图 6-22

并切换至"结果"选项卡。如图 6-22 所示，注意本次冲突检测的结果为"11"。单击"全部重置"按钮，清除当前冲突检测结果。

Step03如图 6-23 所示，切换至"规则"选项卡，勾选"忽略以下对象之间的碰撞"选项组中的"同一文件中的项目"复选框，即如果参加冲突检测的图元属于同一文件，则不参加冲突检测计算，这是 Navisworks 的默认规则。

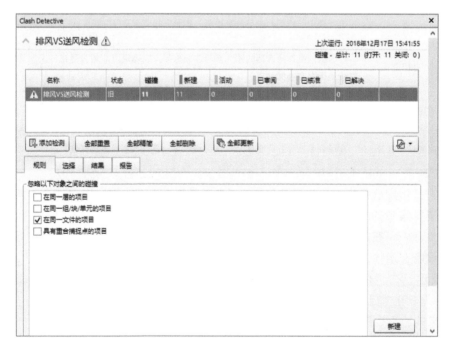

图 6-23

 提 示

勾选"规则"列表中任意选项会导致冲突检测任务列表显示为过期 ⚠。

Step04切换至"选择"选项卡，不修改任何设置，单击"运行测试"按钮，注意，由于排风系统与送风系统均位于"WHNW-AC-B4.nwc"模型文件中，因此 Navisworks 在本次检测中未检测到任务冲突。

Step05到此完成本操作练习，关闭该当前场景，不保存对场景的修改。

"规则"选项卡用于定义要应用于碰撞检测的忽略规则。该选项卡列出了当前可用的所有规则。这些规则可用于使"Clash Detective"在碰撞检测期间忽略某个模型几何图形。选择任意规则，单击"编辑"按钮可以对当前规则进行编辑，也可以单击"新建"按钮来创建自定义的规则。如图 6-24 所示，"规则编辑器"对话框中可以自定义"规则名称"，并选择指定的"规则模板"。当选择集中的图元满足规则定义的条件时，Navisworks 将在冲突检测运算中忽略这些图元。

图 6-24

本书在第 11 章中将详细介绍 Navisworks 中规则的设置，请读者参考相关章节内容，在此不再赘述。

6.1.3 冲突检测管理

冲突检测完成后，用户需要对冲突检测结果进行审核。Navisworks 提供了"新建""活动""已审阅""已核准"和"已解决"五种冲突检测状态，分别用于对冲突检测的结果进行管理。不同的状态分别用于标记该冲突检测结果的处理情况。Navisworks 还允许用户对冲突检测的结果进行分组管理，以方便对同一类问题的冲突检测结果进行统一标识和处理。下面通过练习，说明如何使用 Clash Detective 的任务状态及管理功能。

Step01打开随书资源中的"练习文件\第 6 章\6-1-3.nwd"场景文件。激活"Clash Detective"工具窗口，注意当前场景中已完成"暖通 VS 结构检测""排风 VS 消防检测"及"结构重复项检测"三个检测任务，并记录了各检测任务的碰撞结果。

Step02切换至"结果"选项卡，单击冲突检测任务列表中"暖通 VS 结构检测"，在"结果"选项卡中将显示冲突检测结果。注意，当前任务中"碰撞"的数量为"14"个，且"新建"状态的任务为"14"个。

Step03单击冲突检测结果列表中的"碰撞 1"，Navisworks 将在视图中显示该结果。如图 6-25 所示，单击"碰撞1"的"状态"下拉列表，在列表中设置该碰撞的状态为"已核准"。注意，Navisworks 将自动修改该状态的颜色为

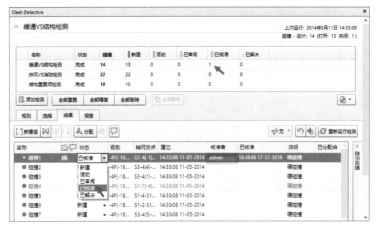

图 6-25

绿色，并在"核准者"和"已核准"单元格中自动添加当前用户的名称及核准时间以明确核准该冲突的人员，在任务列表中显示"已核准"状态的冲突结果数量。

🔊 提示

双击冲突检测结果的"名称"，可以对该名称进行修改。

Step04 在结果列表中单击"碰撞 2"，Navisworks 将在视图中高亮显示该冲突图元。设置该碰撞的状态为"已审阅"；如图 6-26 所示，单击"结果"选项卡中的"分配"按钮，弹出"分配碰撞"对话框，在该对话框中可将冲突结果进行任务分配。

Step05 如图 6-27 所示，在"分配碰撞"对话框中，分别输入要接收该任务的人员以及处理意见注释，完成后单击"确定"按钮关闭"分配碰撞"对话框。

图 6-26　　　　　　　　　　　　　　　　　　　　　　　　图 6-27

Step06 注意，Navisworks 会自动在"已分配给"列中列出该任务的分配人员，如图 6-28 所示。同时，Navisworks 会在该任务中显示已有注释数量。

图 6-28

（🔊）**提 示**

> 分配任务后，可单击"结果"选项卡中的"取消分配" [图标] 工具删除已分配的人员。

Step07 如图 6-29 所示，单击"添加注释"按钮，弹出"添加注释"对话框，可对该任务添加下一步工作计划等注释信息。单击"确定"按钮完成添加注释操作。

图 6-29

（🔊）**提 示**

> 添加注释后，Navisworks 将在任务列表的"注释"列中显示该冲突检测结果包含的注释数量。

Step08 确认"碰撞 2"处于选择状态。在"审阅"选项卡的"注释"面板中单击"查看注释"工具，打开"注释"工具窗口。如图 6-30 所示，在"注释"窗口中可以查看该冲突检测结果包含的所有注释内容。

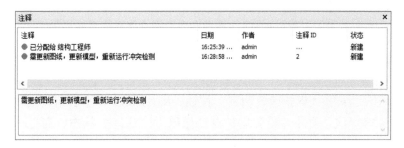

图 6-30

Step 09 在"结果"选项卡的冲突检测任务列表中选择"排风 VS 消防检测"，单击检测结果列表中的"碰撞 1"，如图 6-31 所示，单击"Clash Detective"工具窗口底部"项目"按钮展开该面板，该面板中显示了所选择冲突检测结果中发生冲突的项目图元选择树及相关操作按钮，并在图中所示区域②显示发生冲突图元的快捷特性。单击"项目 1"中的"对涉及项目的碰撞进行分组"按钮③，将根据当前冲突项目的图元自动生成分组，所有与该图元发生干涉的冲突结果将归于该分组中。

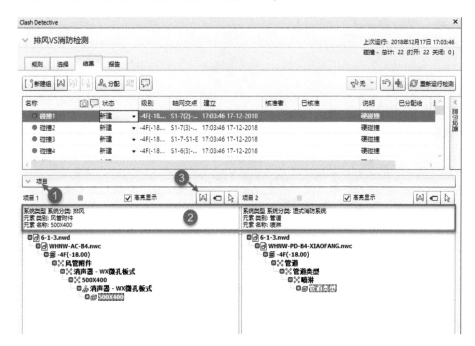

图 6-31

🔊 **提 示**

项目快捷特性显示的内容与 Navisworks"选项编辑器"对话框中"快捷特性"选项的设置相同。

Step 10 结果如图 6-32 所示。Navisworks 已经自动将所有与该图元有关的碰撞结果划分到同一个组中。

图 6-32

Step⑪修改该组的"状态"为"已解决",注意组中所有冲突结果将自动继承与该组相同的状态设置,以方便对冲突检测结果进行批量管理。

Step⑫如图 6-33 所示,单击"重新运行测试"按钮,Navisworks 将重新运行当前冲突检测任务。注意,所有被标记为"新建"状态的冲突检测均被自动标记为"活动"状态,而上一步中设置的"已解决"状态,因在本次检测中仍存在冲突,因此重新显示为"新建"状态。

图 6-33

Step⑬至此完成本操作练习。关闭当前场景,不保存对场景的修改。

Navisworks 通过分组和状态来管理冲突检测结果。其中各状态的功能描述见表 6-2。

表 6-2

状 态 名 称	功 能 描 述
新建	本次冲突检测中找到的新碰撞
活动	找到以前冲突测试运行但尚未解决的碰撞
已审阅	找到以前测试且已被标记为"已审阅"的碰撞,通常与"分配碰撞"结合使用
已核准	找到以前发现并且由某人核准的碰撞
已解决	找到以前测试且已被标记为"已解决",但本次测试中未被发现新碰撞

用户通过合理运用冲突检测的状态,可以对冲突检测结果的管理更加高效、有序。"分组"功能可根据冲突结果的图元特征对结果进行进一步的管理,以方便高效审核。

除使用上述工具外,用户还可以选择冲突检测结果,并使用如图 6-34 所示的"在场景中选择"工具选择该图元,再次单击"返回"按钮,返回至 Revit 等原始创建软件中对冲突结果进行修改。"返回"的使用方式与第 5.3 节中介绍的"项目工具"上下文选项卡中"返回"工具使用完全相同。

单击如图 6-35 所示的"精简"按钮,可以隐藏冲突检测列表中所有被标记为"已解决"的冲突检测结果,以精简冲突检测列表。

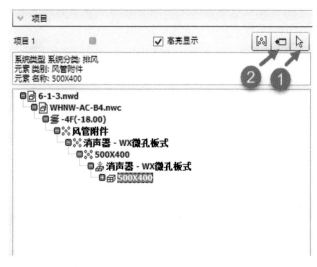

图 6-34

用户还可以单击"过滤器"列表，使用"排除"或"包含"的方式查看是否仅显示包含已被选中图元的冲突检查结果。

在"结果"选项卡任意列的标题名称上单击鼠标右键，弹出如图 6-36 所示的快捷菜单，选择"选择列"，弹出"选择列"对话框。

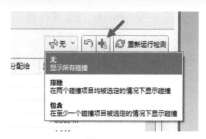

图 6-35

如图 6-37 所示，勾选出显示在"结果"选项卡中的列，"结果"选项卡中冲突检测的结果将按用户设置的方式显示。

图 6-36　　　　　　　　　图 6-37

6.1.4　显示控制

在"Clash Detective"中查看冲突检测的结果时，用户可以对冲突检测结果列表中的冲突图元显示方式进行控制。如图 6-38 所示，在"Clash Detective"工具窗口的"结果"选项卡中单击"显示设置"扩展按钮展开该面板，在该面板中可以对冲突检测结果的显示方式进行详细设置。"高亮显示"选项组中可以设置冲突检测结果的图元是否高亮显示，分别指定高亮显示"项目 1"或"项目 2"中的图元，以及高亮显示是"使用项目颜色"还是"使用状态颜色"。勾选"高亮显示所有碰撞"复选框，Navisworks 将高亮显示当前"结果"选项卡中所有冲突结果。

"隔离"选项组可以使当前选择的冲突检测结果更容易观察。单击"暗显其他"按钮，Navisworks 将自动以灰显的方式显示其他非当前冲突图元，如果勾选"降低透明度"复选框，其他非当前冲突结果的图元将以半透明线框的方式显示，以突出显示当前冲突检测结果，通常"降低透明度"与"暗显其他"共同使用。而"自动显示"则可以自动隐藏所有遮挡当前冲突对象的图元。使用"隐藏其他"按钮将隐藏所有非当前冲突图元。

图 6-38

通常，Navisworks 会自动根据冲突图元的空间位置生成默认的冲突观察视点。当在"视点"选项卡的"导航"面板中使用"动态观察"工具调整默认冲突图元显示视图的视点方向后，如图 6-39 所示，Navisworks 会自动保存修改后的视点位置，并在结果列表中显示视点符号，表明该视点已不再是默认冲突检测视点。

在"显示设置"扩展面板的"视点"选项中，用户可以设置视点的加载和显示方式。如图 6-40 所示，在视点下拉列表中，提供了"自动更新""自动加载"和"手动"三种视点控制方式。其中，"自动更新"方式在使用平移、环视等视点工具对冲突检测默认视点进行查看时，Navisworks 自动在"结果"选项卡中保存修改后视点位置，且选择不同的冲突检测结果时，Navisworks 将自动切换视点；"自动加载"选项不会自动保存修改后的视点位置，但会自动切换至

图 6-39

不同冲突检测结果中的已有视点；"手动"选项既不自动保存修改后的视点位置，也不会自动切换至不同冲突检测结果中的视点，需要通过单击"关注碰撞"按钮在不同的冲突检测结果间进行手动视点切换。勾选"动画转场"复选框，Navisworks 可以在切换视点时实现视点间动画过渡，以更好地展示冲突结果的位置。

使用"自动加载"和"手动"两种视点显示模式时，Navisworks 将不会自动保存修改后的视点。如果需要保存修改后的视点，可以在如图 6-41 所示的冲突检测结果列表中用鼠标右键单击"视点"列表项，在弹出的快捷菜单中选择"保存视点"，将当前视点保存在冲突检测结果中。重新查看该冲突结果时，Navisworks 将使用已保存的视点显示冲突图元。用户还可以使用该快捷菜单中"删除视点"命令来删除当前冲突结果中已保存的视点，或使用"删除所有视点"来删除当前冲突检测结果列表中所有已修改过的视点。

当冲突检测中关联了施工过程模拟动画时，如图 6-42 所示，"模拟"设置中的"显示模拟"选项可以在显示冲突结果的同时将动画或施工动画的播放滑块移动到发生碰撞的确切时间点，帮助用户确定引起该冲突的前后工作序列。

图 6-40   图 6-41   图 6-42

"在环境中查看"选项组提供了几种不同的查看级别，如"全部""文件"和"主视图"，以定义在显示动画转场时，Navisworks 缩放模型的程度。"全部"模式将缩小模型以显示当前场景中所有模型；"文

件"模式将缩小模型以显示与当前冲突图元有关的文件范围;"主视图"则缩放至 Navisworks 场景中定义的主视图范围。在 Navisworks 中,用户可以通过用鼠标右键单击"ViewCube"中"主视图" 🏠符号或通过按〈Ctrl + Shift + Home〉快捷键将任意视点位置定义为主视图,详细内容请参见本书第 3 章相关内容。

6.1.5 导出报告

Navisworks 可以将"Clash Detective"中检测的冲突检测结果导出为报告文件,以方便讨论和存档记录。用户可通过使用"报告"面板将已有冲突检测报告导出。

下面通过练习,说明冲突检测报告的导出步骤。

Step01打开随书资源中的"练习文件 \ 第 6 章 \ 6-1-5. nwd"场景文件。打开"Clash Detective"面板,在该面板中已完成名称为"暖通 VS 结构检测""排风 VS 消防检测"和"结构重复项检测"的冲突检测任务。

Step02在冲突检测任务列表中,选择"暖通 VS 结构检测";如图 6-43 所示,切换至"报告"选项卡,在内容中勾选要显示在报告中的冲突检测内容,该内容显示了在"结果"选项卡中所有可用的列标题。在本操作中将采用默认状态。

Step03设置"包括碰撞"选项组中"对于碰撞组,包括"下拉列表为"仅限组标题";取消勾选"仅包含过滤后的结果"复选框;在"包括以下状态"中勾选所有冲突结果状态,即在将要导出的冲突检测报告中,将包含所有状态的冲突结果。

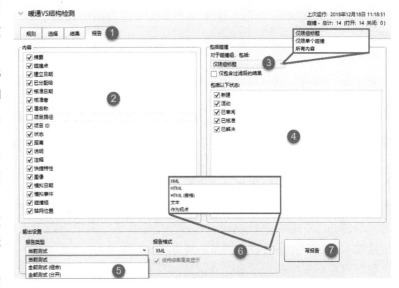

图 6-43

Step04在"输出设置"选项组中设置"报告类型"为"当前测试",即仅导出"暖通 VS 结构检测"任务中的冲突检测报告;设置"报告格式"为"HTML(表格)"格式。

Step05单击"写报告"按钮,弹出"另存为"对话框。浏览至任意文件保存位置,单击"保存"按钮,Navisworks 将输出冲突检测报告。注意默认文件名与当前冲突检测任务名称相同。

Step06使用 IE、Chrome、FireFox 等 HTML 浏览器打开并查看导出报告的结果,如图 6-44 所示。

AUTODESK NAVISWORKS 碰撞报告

暖通VS结构检测	公差	碰撞	新建	活动	已审阅	已核准	已解决	类型	状态
	0.050m	14	12	0	1	1	0	硬碰撞	确定

图像	碰撞名称	状态	距离	网格位置	说明	找到日期	已分配给	核准日期	核准者	碰撞点	项目1 项目 ID	图层	系统类型系统分类	元素类别	元素名称	项目2 项目 ID	图层	系统类型系统分类	元素类别	元素名称	注释
	碰撞1	已核准	-0.865	S3-4-S3-J:-4F(-18.00)	硬碰撞	2018/12/18 03:35		2018/12/18 03:36	admin	x:59.586、y:38.100、z:-15.100	元素 ID:673174	-4F(-18.00)	送风	风管	送风风管	元素 ID:926148	-F4 (-18.30)			WHNW-300-剪力墙 墙	
	碰撞2	已审阅	-0.750	S3-4-S3-D:-4F(-18.00)	结构工程师	2018/12/18 03:35				x:65.351、y:6.700、z:-15.000	元素 ID:672474	-4F(-18.00)	送风	风管	送风风管	元素 ID:928392	-F4 (-18.30)			WHNW-300-剪力墙 墙	#0 - admin - 2018/12/18 03:37 已分配给 结构工程师 _____请在该剪力墙开 600*600洞口 #2 - admin - 2018/12/18 03:37 需图纸更新,更新模型,重新运行冲突检测
	碰撞3	新建	-0.601	S3-4-S3-D:-4F(-18.00)	硬碰撞	2018/12/18 03:35				x:62.701、y:7.000、z:-15.000	元素 ID:667706	-4F(-18.00)	排风	风管	排风风管	元素 ID:928392	-F4 (-18.30)			WHNW-300-剪力墙 墙	
	碰撞4	新建	-0.569	S1-7-S1-F:-4F(-18.00)	硬碰撞	2018/12/18 03:35				x:-29.346、y:0.618、z:18.300	元素 ID:705250	-4F(-18.00)	其他	管道	冷凝水管	元素 ID:1023951	-F4 (-18.30)			WHNW-1000-楼板 楼板	

图 6-44

Step07 重复第 4）步操作，设置"报告格式"为"作为视点"，勾选"保持结果高亮显示"复选框，如图 6-45 所示。

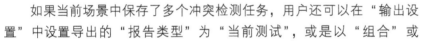

图 6-45

Step08 再次单击"写报告"按钮，注意此时 Navisworks 将当前任务结果中所有冲突视点保存至"保存的视点"中，如图 6-46 所示。注意，"结果"选项组中设置为碰撞组的部分，其视点也按分组的方式导出。

Step09 至此完成本练习操作。关闭当前场景，不保存对场景的修改。

在"包括碰撞"选项组的设置中，只有被选择的碰撞状态才能显示在报告中。用户可以设置对碰撞组的报告导出方式，包括"仅限组标题""仅限单个碰撞"和"所有内容"。其中，"仅限组标题"将只在报告中显示组的标题和设置信息，对于组中包含的实际碰撞结果将不显示。而"仅限单个碰撞"选项将在报告中忽略碰撞组的特性，组中的每个碰撞都将显示在报告中。如果在"内容"中勾选"碰撞组"复选框，在生成报告时，Navisworks 将对于一个组中的每个碰撞，都向报告中添加一个名为"碰撞组"的额外字段以标识它。"所有内容"选项将既显示碰撞组的特性，又显示组中各碰撞的单独特性。

图 6-46

如果当前场景中保存了多个冲突检测任务，用户还可以在"输出设置"中设置导出的"报告类型"为"当前测试"，或是以"组合"或"分开"的方式导出全部冲突检测任务。其中，"组合"的方式将所有冲突检测任务导出在单一的成果文件中，而"分开"的方式将为每个任务创建一个冲突检测报告。

6.2 测量和审阅

在 Navisworks 中进行浏览和审查时，用户常需要在图元间进行距离测量，并对发现的问题进行标识和批注，以便于协调和记录。Navisworks 提供了测量和红线批注工具，用于对场景进行测量，并标识批注意见。

6.2.1 使用测量工具

Navisworks 提供了点到点、点直线、角度、区域等多种不同的测量工具，用于测量图元的长度、角度和面积。用户可以通过"审阅"选项卡的"测量"面板来访问和使用这些工具。

下面通过练习，说明 Navisworks 中测量工具的使用方式。

Step01 单击"审阅"选项卡中的"测量"面板标题右向下箭头（图 6-47），打开"测量工具"工具窗口。

Step02 如图 6-48 所示，在"测量工具"工具窗口中，显示了 Navisworks 中所有可用的测量工具。单击"选项"按钮，打开"选项编辑器"对话框，并自动切换至"测量"选项设置窗口。

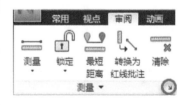

图 6-47

Step03 如图 6-49 所示，单击"点到点"测量工具，在场景中分别单击两风管间边缘附近的任意位置，Navisworks 将标注显示所拾取两点间距离，同时"测量工具"面板中将分别显示所拾取的两点间 X、Y、Z 坐标值，两点间的 X、Y、Z 坐标值差值以及测量的距离值。

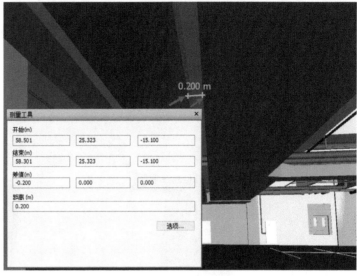

图 6-48   图 6-49

Step04 按〈F12〉键，打开 "选项编辑器" 对话框，如图 6-50 所示，切换至 "捕捉" 选项，在 "拾取" 选项组中，确认勾选 "捕捉到顶点" "捕捉到边缘" 和 "捕捉到线顶点" 复选框，即 Navisworks 在测量时将精确捕捉到对象的顶点、边缘以及线图元的顶点；设置 "公差" 为 "5"，该值越小，光标需要越靠近对象顶点或边缘时才会捕捉。完成后单击 "确定" 按钮退出 "选项编辑器" 对话框。

Step05 如图 6-51 所示，单击 "测量" 面板中的 "测量" 下拉列表，在列表中选择 "点直线" 工具，注意，此时 "测量工具" 面板中的 "点直线" 工具也将激活。

图 6-50   图 6-51

Step06 适当缩放视图，放大显示视图中楼板洞口位置。如图 6-52 所示，移动鼠标指针至洞口顶点位置，当捕捉至洞口顶点位置时，将出现图中所示的捕捉符号；依次沿洞口边缘捕捉其他顶点，并最后再捕捉洞口起点位置，完成后按〈Esc〉键退出当前测量，Navisworks 将累加显示各测量的长度，该长度为洞口周长。

提 示

在测量过程中，用户可随时单击鼠标右键清除任何已有测量结果。

Step 07 单击"测量工具"面板中的"测量面积" 🔲 工具，如图 6-53 所示，依次捕捉并拾取洞口顶点，Navisworks 将自动计算捕捉点间形成的闭合区域面积。按〈Esc〉键完成测量。注意，Navisworks 将清除上一次测量的结果。

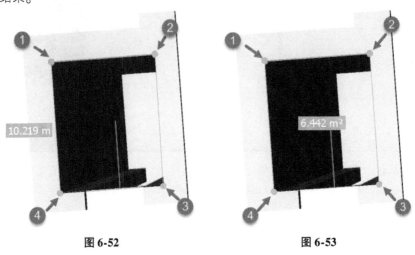

| 图 6-52 | 图 6-53 |

提 示

注意，测量面积时，无须像上一步中测量周长时那样捕捉至起点位置。

Step 08 切换至"测量"视点。按〈Ctrl + 1〉快捷键进入选择状态。配合〈Ctrl〉键，单击选择任意两根消防管线。

Step 09 注意此时"测量工具"面板中的"最短距离" 🐾 工具变为可用。单击该工具，Navisworks 将在当前视图中自动在两图元最近点位置生成尺寸标注。

提 示

"最短距离"工具仅在选择两个图元的情况下有效。Navisworks 会自动调整视点位置，以显示所选择图元间最短距离的位置。

Navisworks 还提供了测量方向"锁定"工具，用于精确测量两图元间距离。

Step 10 切换至"测量"视点。使用"点到点"测量工具，单击"测量"面板中的"锁定"下拉列表，如图 6-54 所示，在"锁定"工具下拉列表中选择"Z 轴"，即测量值将仅显示沿 Z 轴方向值。

Step 11 如图 6-55 所示，移动鼠标指针至风管底面，捕捉至底面时，单击作为测量起点；再次移动鼠标指针至地面楼板位置，注意无论鼠标指针移动至任何位置，Navisworks 都将约束显示测量起点沿 Z 轴方向至鼠标指针位置的距离。单击楼板任意位置完成测量，Navisworks 将以蓝色尺寸线显示该测量结果。

Step 12 使用类似的方式，分别锁定 X 轴、Y 轴测量风管的宽度，结果如图 6-56 所示。注意，Navisworks 分别以红色和绿色显示 X 轴和 Y 轴方向

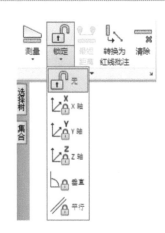

图 6-54

测量的结果。

图 6-55   图 6-56

Step⑬使用"点到点"测量工具，修改当前锁定方式为"Y轴"。移动鼠标指针至最左侧管线位置，注意，Navisworks 仅可捕捉至管道表面边缘。按〈＋〉键，将出现缩放范围框。重复按〈＋〉键，直到该范围框显示为最小，如图6-57所示。

图 6-57

🔊 提 示

    按〈－〉键可以放大缩放区域。

Step⑭保持鼠标指针位置不动。按住〈Enter〉键不放，Navisworks 将放大显示光标所在位置图元。如图6-58 所示，移动鼠标指针捕捉至管道中心线，单击作为测量起点，完成后松开〈Enter〉键，Navisworks 将恢复视图显示。

Step⑮使用类似的方式，移动鼠标指针至右侧相邻管线位置，按住〈Enter〉键不放，Navisworks 将放大显示该管线。捕捉至该管线中心线位置，单击作为测量终点，完成后松开〈Enter〉键，Navisworks将恢复视图显示。

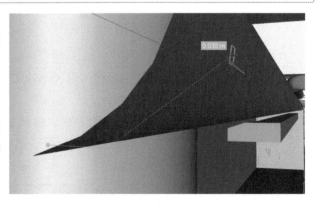

图 6-58

Step⑯注意，此时标注了两管间中心线距离，结果如图6-59 所示。

Step⑰切换至"位置对齐"视点。该视点显示了风管与结构墙碰撞。需要对风管进行移动以验证是否有足够的空间安装此风管。

Step⑱使用"点到点"测量方式,确定锁定方式为"Y轴",如图6-60所示,分别捕捉至风管及墙边缘,生成测量标注,其距离为"1.30m"。注意标注时,拾取的顺序。

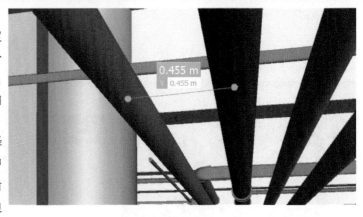

Step⑲按〈Ctrl+1〉快捷键切换至选择模式,单击风管。单击"测量工具"面板中的"变换对象" 🖱 工具,Navisworks 将沿测量方向移动1.30m,实现风管与墙边对齐。

图 6-59

Step⑳至此完成测量操作练习。关闭当前场景,不保存对场景的修改。

在使用"对象变换"时,所选择图元将沿测量方向移动,因此必须注意测量的起点和终点顺序,以确保图元移动的正确方向。展开"测量"面板,如图6-61所示,面板中也提供了"变换选定项目"工具,该工具的使用方式与"变换对象"工具一致。

图 6-60

图 6-61

在使用"测量"工具时,用户可以随时按〈Enter〉键对光标所在区域进行视图放大显示,以便于更精确捕捉测量点。缩放的幅度由缩放范围框大小决定,按〈+〉或〈-〉键可以对范围框缩小或放大,范围框越小,放大的倍率越高。

Navisworks 提供了多种不同的测量方式,各测量方式的图标、名称和功能见表6-3。请读者自行尝试 Navisworks 中各测量工具的使用方式,限于篇幅,在此不再赘述。

表 6-3

图 标	名 称	功 能
	点到点	测量两点之间距离长度
	点到多点	以一点为起点,到多个不同点间的距离长度,例如找到最短距离
	点线	连续测量直线并累加总长度,例如测量周长

（续）

图 标	名 称	功 能
	累加	多个任意直线距离的长度总和，例如测量不同管道的长度总和
	测量角度	测量任意三点间形成的角度值
	测量面积	测量任意三点以上封闭区域的面积
	测量最短距离	所选择两个图元间的最短距离
	清除	清除视图中所有已有测量标注，等同于在测量模式下单击鼠标右键
	变换对象	将所选图元沿测量方向移动对应的测量距离值
	转换为红线批注	将测量标注转换为红线并保存于当前视点中

如图 6-62 所示，在"选项编辑器"对话框的"测量"选项卡中对测量的"线宽""颜色""在场景视图中显示测量值"以及"使用中心线"等可自行选择。当勾选"三维"复选框时，Navisworks 将根据拾取图元的空间坐标将测量标注在三维空间中，该测量标注值可能会被其他模型图元遮挡，因此一般不建议采用。

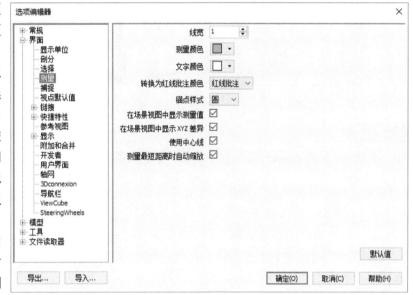

图 6-62

在测量时，用户随时可采用"锁定"的方式来限定测量的方向，以得到精确的测量值。在测量时，用户可以使用快捷键来快速切换至锁定状态。各锁定功能及说明见表 6-4。

表 6-4

功 能	快 捷 键	使 用 说 明	测量线颜色
X 锁定	X	沿 X 轴方向测量	红色
Y 锁定	Y	沿 Y 轴方向测量	绿色
Z 锁定	Z	沿 Z 轴方向测量	蓝色
垂直锁定	P	先指定曲面，并沿该曲面法线方向测量	紫色
平行锁定	L	先指定曲面，并沿该曲面方向测量	黄色

6.2.2 使用审阅工具

在 Navisworks 中，用户还可以使用审阅工具中的"红线批注"工具，随时对发现的场景问题进行记录与说明，以便于在协调会议时，随时找到审阅的内容。"红线批注"的结果将保存在当前视点中。

下面通过练习，说明在 Navisworks 中使用审阅工具的一般步骤。

Step01 打开随书资源中的"练习文件 \ 第 6 章 \ 6-2-2.nwd"场景文件。切换至"红线批注"视点。该位置显示了与墙冲突的风管图元，需要对该冲突进行批注，以表明审批意见。

Step02 适当缩放视图，在"保存的视点"工具窗口中将缩放后视点位置保存为"风管批注视图"。

Step03 切换至"审阅"选项卡，如图6-63所示，在"红线批注"工具面板中单击"绘图"下拉列表，在列表中选择"椭圆"工具；设置"颜色"为"红色"，设置"线宽"为"3"。

Step04 如图6-64所示，移动鼠标指针至图中①点位置，单击并按住鼠标左键，向右下方拖动鼠标指针直到②点位置，松开鼠标左键，Navisworks将在范围内绘制椭圆批注红线。

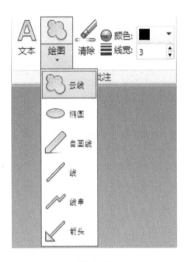

图 6-63

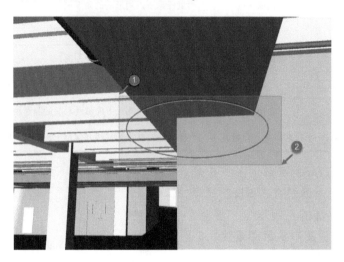

图 6-64

🔊 **提 示**

在绘制时，Navisworks不会显示椭圆批注红线预览。

Step05 设置"红线批注"面板中批注"颜色"为"黑色"；单击"红线批注"面板中的"文本"工具，在上一步生成的椭圆红线中间任意位置单击，弹出如图6-65所示的文本输入对话框，输入批注意见，单击"确定"按钮退出文本对话框。

Step06 Navisworks将在视图中显示当前批注文本，如图6-66所示。

图 6-65

图 6-66

Step07 使用"点到点"测量工具，按〈Y〉键将测量锁定为"Y轴"模式。测量风管右侧边缘与墙左侧边缘距离。

在使用测量工具时，Navisworks 会隐藏已有红线批注。

Step08在"保存的视点"工具窗口中切换至"风管批注视图"视点位置，注意已有的红线批注将再次显示在视图窗口中，同时，Navisworks 将显示上一步中生成的测量尺寸。

Step09修改"红线批注"面板中批注"颜色"为红色。如图 6-67 所示，单击"测量"面板中的"转换为红线批注"工具，Navisworks 将测量尺寸转换为测量红线批注。

图 6-67

Step10适当缩放视图，注意当前视图场景中所有红线批注消失。在"保存的视点"面板中切换至"风管批注视图"视点，所有已生成的红线批注将再次显示。

Step11至此完成红线批注练习。关闭当前场景，不保存对场景的修改。

红线批注仅显示在当前保存的视点中。当使用"红线批注"工具时，Navisworks 会自动保存当前视点位置，可随时使用"视点"工具面板通过单击保存的视点进行查看。

注意，当使用"转换为红线批注"工具将测量结果转换为红线批注时，Navisworks 会自动保存当前视点文件。Navisworks 可以建立多个不同的视点以存储不同的红线批注内容。

除椭圆外，Navisworks 还提供了云线、线、自画线、线串等其他红线批注形式，使用方法与椭圆类似，请读者自行尝试。

6.2.3 使用标记

如果当前视图中有多个审批意见，除使用"红线批注"中的"文本"工具外，用户还可以通过"添加标记"按钮来添加多个标记与注释信息。如图 6-68 所示，单击"标记"面板中的"添加标记"工具，鼠标指针变为 🖊 。

如图 6-69 所示，移动鼠标指针至要添加标记图元的任意位置，单击作为标记引出点，移动鼠标指针至任意位置，单击作为标记放置点，Navisworks 将弹出"添加注释"对话框，用户可以在该对话框中，输入该位置的处理意见。注意在添加标记时，Navisworks 会在"保存的视点"中自动保存当前视点。

图 6-68

图 6-69

Navisworks 会对当前场景中所有"批注"进行编号。如图 6-70 所示，输入批注编号，单击"转至标记" 工具，可直接跳转到包含该标记的视图中。用户还可以使用"第一个标记""上一个标记""下一个标记"和"最后一个标记"，在不同的标记间浏览和查看。单击"对标记 ID 重新编号"按钮，可对当前场景中所有标记重新进行编号和排序。

切换至包含注释信息的视图，配合使用"注释"面板中的"查看注释"工具，可查看当前视点中所有注释内容。注释可以更进一步丰富 Navisworks 的批注功能，通过与"注释"功能的联用，用户可以对注释的状态等进行管理和讨论。

图 6-70

标记允许用户在不使用红线批注的前提下添加任意注释和意见，以方便对审批的管理。

本 章 小 结

本章详细介绍了 Navisworks 中最常用，也是最重要的模块——"冲突检测"功能。冲突检测功能可以对任意两组选定的图元间进行包括硬碰撞、间隙碰撞和检测重复项在内的冲突检测。Navisworks 允许用户根据要求对冲突检测结果进行分组、任务分配等管理，从而更为有序、方便地进行协调。

Navisworks 还提供了测量工具，允许用户在任意时刻对模型进行长度、角度、面积的测量。同时，利用 Navisworks 的红线批注及标记工具可以在视图中添加批注意见和注释信息，这些信息将存在单独的视点中，以方便用户管理。

第7章 渲染表现

Navisworks Mange 2019 提供了 Autodesk Rendering 渲染引擎，用于对场景进行照片级渲染输出，以模拟展示场景的真实状态。本章将介绍如何利用 Autodesk Rendering 进行场景材质设置，并将渲染结果输出为外部独立图像文件。

7.1 使用 Autodesk Rendering

Navisworks Mange 自 2014 版开始引入 Autodesk Rendering 渲染引擎。Autodesk Rendering 渲染引擎是基于 Mental Ray 的一款渲染器。Mental Ray 是著名的电影工业级渲染引擎，它采用光线追踪的方式对画面进行渲染，可以渲染出非常真实的效果。Mental Ray 目前已成为好莱坞顶级视效解决方案之一，使用该渲染引擎处理视效的影片不计其数。Navisworks 中的渲染引擎针根据建筑行业的需求和特点对 Mental Ray 进行了适当的优化。

目前在 Autodesk（包括 Revit 在内）的几乎所有的三维产品中，均已内置该渲染引擎。能够实现不同三维产品间模型、材质、灯光设置的共享，大大简化了在不同产品间进行数据传递和表现的工作量。也正是基于这个原因，Navisworks 在 2014 版中开始加入 Autodesk Rendering，以实现与 Revit 之间材质共享、复用。

◄» 提示

> 在 Navisworks 2014 及之前的版本中，Navisworks 还提供了一个称为 Presenter 的渲染器，但在 Navisworks 2015 之后，Autodesk 取消了该渲染器。

接下来将详细介绍如何在 Navisworks 中利用 Autodesk Rendering 为场景设置材质、灯光及渲染输出。

7.1.1 材质设置

要在 Autodesk Rendering 中进行渲染表现，首先需要为场景中的图元设置正确的材质。在 Navisworks 中导入 Revit 创建的场景时，在 Revit 中设置的图元材质设置信息会随图元一并导入至 Navisworks 中。这也是 Navisworks 中使用 Autodesk Rendering 渲染引擎的方便之处，它与 Autodesk 的其他 BIM 系列工具共享统一的 Autodesk 材质库。Navisworks 允许用户根据需要在场景中修改材质。接下来，通过练习学习在 Navisworks 中设置材质的一般步骤。

Step01 打开随书资源"练习文件 \ 第 7 章 \ 7-1-1. nwd"场景文件。切换至"外部视点"视点位置。该场景显示了由 Autodesk Revit 创建的办公楼建筑模型。

Step02 如图 7-1 所示，单击"常用"选项卡"工具"面板中"Autodesk Rendering"工具，Navisworks 将显示"Autodesk Rendering"工具窗口。

Step03 确认当前"选取精度"设置为"几何图形"。单击选择任意模型图元，如

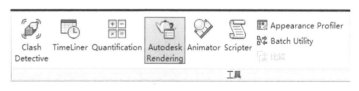

图 7-1

图 7-2 所示，在"特性"面板中将出现"Revit 材质"和"Autodesk 材质"选项卡，分别用于记录该图元在 Revit 及当前场景中使用的材质名称。

◄» 提示

> 一般情况下，Revit 材质选项卡中的材质名称与 Autodesk 材质名称相同。除非在 Navisworks 中导入由较老版本 Revit 创建的场景模型。

Step04展开"Autodesk Rendering"面板，切换至"材质"选项卡。如图 7-3 所示，该面板分为①灯光控制区，②当前场景材质灯光控制区，③材质库三个区域。在当前场景材质灯光控制区中，单击任意材质名称，按键盘 Delete 键，删除所选择材质。重复本操作，直到删除当前项目中所有材质。

图 7-2

图 7-3

Step05如图 7-4 所示，在"材质库"区域依次单击展开"Autodesk 库"→"玻璃"→"玻璃制品"，将在右侧材质名称列表中显示所有属于"玻璃制品"类别的材质。浏览至"蓝色反射"材质名称，单击选择该材质，单击鼠标右键，在弹出菜单中选择"添加到→文档材质"，将该材质添加到文档材质库中，该材质将出现在上方"文档材质"列表中。

图 7-4

Step06双击上一步中添加的"文档材质"列表中"蓝色反射"材质名称，打开"材质编辑器"对话框，如图7-5所示，该对话框中显示了该材质的详细定义情况。修改材质的名称为"玻璃_窗幕墙及门玻璃"，还可以根据实际的要求修改玻璃的颜色、反射率、玻璃片数等参数设置，在本操作中不做修改。单击右上角"关闭"按钮关闭"材质编辑器"对话框。

Step07打开"集合"工具面板，该面板中显示了场景中已预设的选择集名称。配合键盘 Ctrl 键，单击选择"玻璃_窗幕墙及门玻璃"和"玻璃_门玻璃"选择集名称，选中选择集中的图元。

Step08在"Autodesk Rendering"工具选项板中，移动鼠标至"文档材质"列表中"玻璃_窗幕墙及门玻璃"材质名称位置，单击鼠标右键，如图7-6所示，在弹出菜单中选择"指定给当前选择"选项，将该材质指定给当前选择集中的图元。

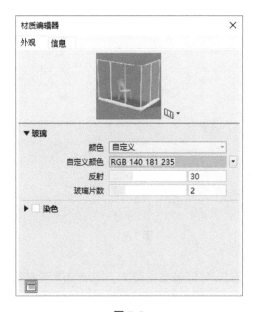

图 7-5

图 7-6

Step09按 Esc 键退出当前选择。注意 Navisworks 已经将玻璃图元赋予新材质。

Step10如图7-7所示，在材质库中选择"砖石类别→石料类别"，将"大理石-方块叠层砌抛光白色-褐色"材质添加到文档材质中，并在该材质处单击右键复制新的材质，命名为"外墙_2F-16F"。

Step11双击"外墙_2F-16F"材质，弹出材质浏览器对话框。如图7-8所示，在"材质编辑器"对话框中，确认当前选项卡为"外观"选项卡。单击"石料"类别下"图像"贴图示例，弹出"纹理编辑器"对话框。

Step12如图7-9所示，在"纹理编辑器"对话框中，单击"源"位置，弹出"材质编辑器打开文件"对话框，浏览至随书资源"练习文件 \ 第7章 \ 贴图文件 \ 方砖.jpg"贴图文件，单击"打开"载入该贴图，返回"纹理编辑器"对话框，在"纹理编辑器"

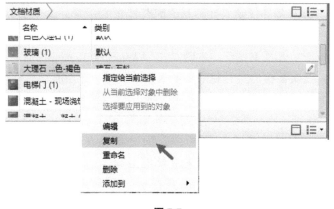

图 7-7

预览窗口中显示该贴图样式；鼠标拖动"亮度"调节滑块，修改贴图亮度值为"100"；展开"变换"选项，修改"比例"选项中"样例尺寸"宽度和高度均为"2.00m"；确认"重复"选项中水平和垂直的重复方式均为"平铺"。完成后单击"关闭"按钮关闭"纹理编辑器"对话框。

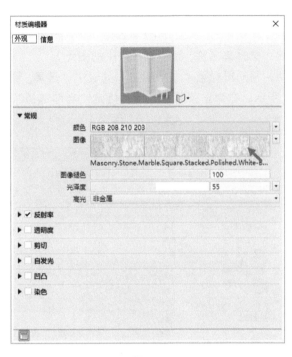

图 7-8

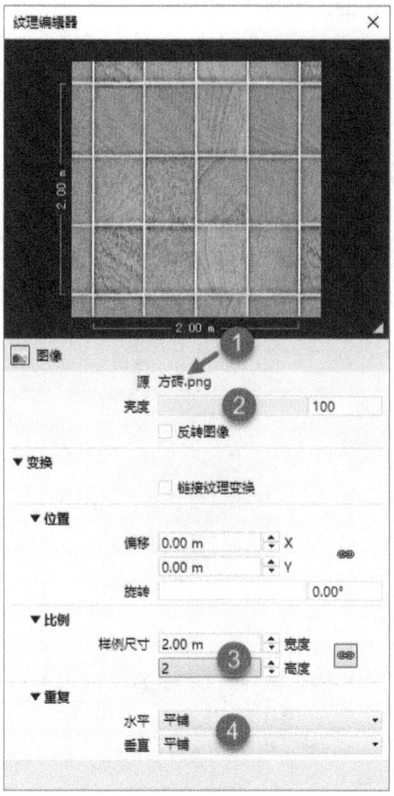

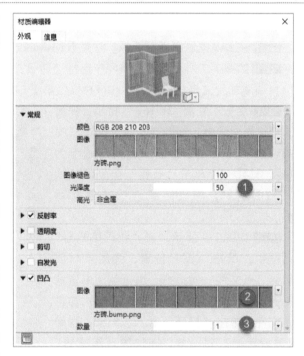

图 7-9

贴图"亮度"越高,在使用该贴图时材质显示越亮;样例尺寸值设置得越大,则该材质在对象中的显示越大。

Step⑬如图 7-10 所示,单击"材质编辑器"对话框中"饰面"下拉列表,在列表中选择材质贴图的渲染方式为"有光泽";确定勾选"凹凸"选项,修改"数量"值为"1",单击"图像"贴图示例,弹出"纹理编辑器"对话框。

Step⑭展开"集合"面板,配合键盘 Ctrl 键,选择"外墙_2F-16F""外墙柱_1F"及"饰条_外墙水平饰条"选择集图元。右键单击"Autodesk Rendering"工具面板"文档材质"列表中"外墙_2F-16F"材质名称,在弹出右键菜单中选择"指定给当前选择"选项,将材质指定给所选择外墙图元。

Step⑮在"集合"面板中,配合键盘 Ctrl 键,选择"窗_窗框"和"竖梃_幕墙竖梃"。依次展开"Autodesk Rendering"工具面板"材质库"中"Autodesk→金属→铝",在右侧列表中右键单击"阳极电镀-白色"材质,在弹出右键快捷菜单中选择"指定给当前"选择选项。将该材质应用至所选择图元。

图 7-10

Step⑯注意,在"文档材质"列表中,Navisworks 自动将"阳极电镀-白色"添加至"文档材质"列表中。

Step 17 至此完成在 Autodesk Rendering 中材质设置，完成后场景如图 7-11 所示，Navisworks 将显示设置的材质纹理。

Step 18 保存该项目文件，完成本操作练习。

在场景中使用材质时，所有材质都将放置在项目文档列表中。要在项目文档中创建材质，如果材质库中包含要使用的材质，可以将材质库的材质直接应用于图元；还可以通过"在文档中新建材质"按钮，利用 Navisworks 提供的材质模板创建任意需要的材质。在本练习中，利用"石材"材质模板，为外墙设置了贴图材质。在下一节中，将对 Navisworks 的材质进行详细说明。

图 7-11

7.1.2 材质详解

在自定义材质时，可以利用 Navisworks 提供的材质模板，弄在其基础上进行修改得到需要的材质。

接下来通过练习，学习 Navisworks 中 Autodesk Rendering 材质定义的一般方法。

Step 01 打开随书资源"练习文件 \ 第 7 章 \ 7-1-2. nwd"场景文件。切换至"主体视点"视点位置，该场景中显示了一个简单的墙体以及两扇窗。

Step 02 打开"Autodesk Rendering"工具面板，如图 7-12 所示，展开面板底部"Autodesk 库"中"护墙板"材质类别，在材质名称列表中选择"搭叠"材质，单击右侧"将材质添加到文档中，并在材质编辑器中显示"按钮，将材质添加到文档材质列表中，并打开"材质编辑器"对话框。

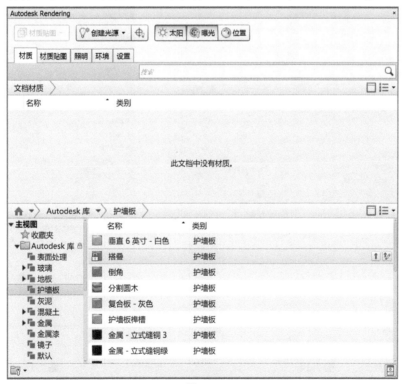

图 7-12

🔊 提 示

渲染质量越高，修改材质后预览所需的渲染时间越长。

Step03 切换至"信息"选项卡，如图 7-13 所示，切换至"信息"选项卡，修改当前材质名称为"自定义外墙材质"，其他参数不变。

Step04 切换至"外观"选项卡，如图 7-14 所示，单击材质图像预览区右下方"选择缩略图形状和渲染质量"按钮，在弹出列表中选择当前预览缩略图形状为"立方体"，该形状将实时显示材质修改的结果；确认当前渲染质量为"最快的渲染器"选项。

Step05 如图 7-14 所示，单击"图像"栏后方黑色三角形下拉按钮，在弹出菜单中选择"平铺"选项，将当前材质纹理设置为"平铺"程序贴图，Navisworks 将弹出"纹理编辑器"对话框，以便于进一步对"平铺"贴图进行设置。

Step06 如图 7-15 所示，设置平铺的"填充图案"类型为"1/2 顺序砌法"；设置瓷砖计数行列值分别为"2"和"4"；修改"比例"参数中样例尺寸的宽度和高度分别为"1m"，其他参数保持不变。

图 7-13

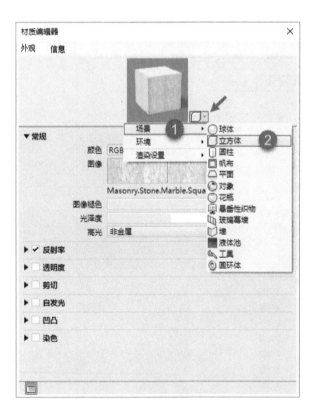

图 7-14

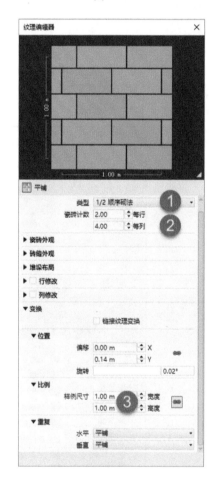

图 7-15

提示

可根据需要修改瓷砖外观、砖缝外观等参数设置。请读者自行尝试。

Step07 注意查看纹理编辑器上方材质预览窗口中材质的预览方式。注意，当修改参数时，Navisworks

将在场景中实时显示材质预览。

Step08 如图 7-16 所示，修改"填充图案"中瓷砖计数行列值均为"1"，其他参数不变，则材质贴图修改为如图中所示。注意，此时 Navisworks 会自动修改场景中图元材质形式。

Step09 返回"材质编辑器"对话框。如图 7-17 所示，单击并按住"图像褪色"滑块位置，左右移动鼠标修改图像褪色值，注意，图像褪色值越低，平铺贴图显示越透明，对象将更多显示出"颜色"中定义的颜色；反之，图像褪色值越高，对象将更多显示出平铺贴图中定义的贴图颜色。在本例中，将图像褪色值设置为"100"。读者还可以自行调节图像的光泽滑块用于设置贴图的光泽度，光泽度值越高，则在光照下对象的高光范围越小；还可以设置在光照下材质的"高光"形式为金属还是非金属，在本例中均采用默认值。

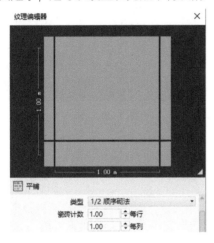

图 7-16

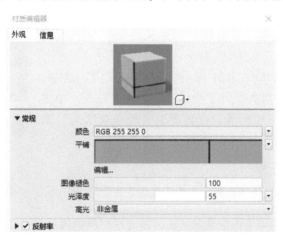

图 7-17

🔊 **提 示**

也可以直接通过输入图像褪色值来设置平铺贴图的透明度。

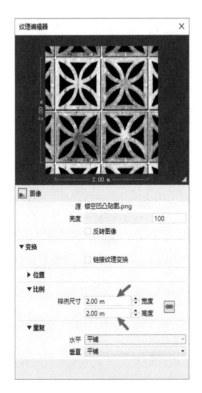

图 7-18

Step10 勾选"材质编辑器"中"凹凸"选项；单击"图像"栏后方黑色三角形下拉按钮，在弹出菜单中选择"图像"选项，弹出"材质编辑器打开文件"对话框；浏览至随书资源"练习文件\第7章\镂空凹凸贴图.png"贴图文件，Navisworks 将弹出"纹理编辑器"对话框。如图 7-18 所示，修改"变换"设置选项中"样例尺寸"的宽度和高度值均为"2.00m"，即贴图图片将在宽度和高度方向上覆盖实际模型 2m 的尺寸区域；其他参数参照图中所示。

Step11 返回"材质编辑器"对话框。如图 7-19 所示，修改凹凸设置中"数量"值为"－150"。该值用于设置表面凹凸的程度。其中正负值用于表示材质凹凸的方向。

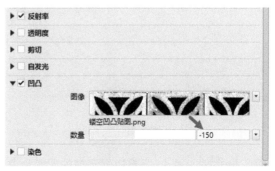

图 7-19

Step⑫至此完成自定义外墙材质的设置。材质设置结果如图 7-20 所示，注意，材质表面已经有明显的凹凸不平的图案。

Step⑬返回 "Autodesk Rendering" 工具面板 "材质" 选项卡。在 "Autodesk 库" 中 "金属" 类别内选择 "铝-抛光" 材质并添加到文档材质中，并复制新材质名称为 "镂空铝板" 材质。注意，此时 "材质编辑器" 中将显示 "镂空铝板" 材质的设置信息，该材质采用 "金属" 模板创建，因此该材质编辑器中选项与前述 "自定义外墙" 材质略有不同。

Step⑭如图 7-21 所示，勾选 "剪切" 选项，默认将采用类型为 "交错圆" 的程序贴图。单击 "类型" 下拉列表，在列表中选择 "自定义" 选项，将显示空白贴图图像。

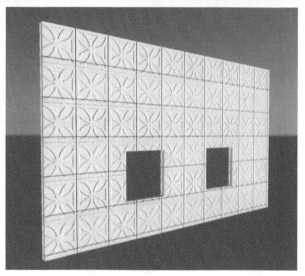

图 7-20

提示

读者可自行尝试其他类型程序贴图带来的剪切效果。

Step⑮单击图像预览列表，弹出 "材质编辑器打开文件" 对话框，浏览至随书资源 "练习文件 \ 第 7 章 \ 镂空剪切 . jpg" 图像文件。打开 "纹理编辑器" 对话框。如图 7-22 所示，修改 "变换" 设置中 "样例尺寸" 宽度和高度值均为 "0. 50m"。

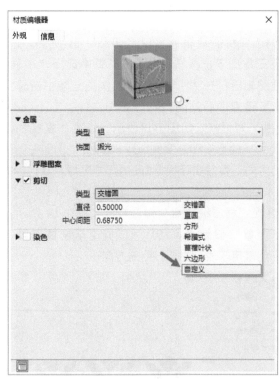

图 7-21

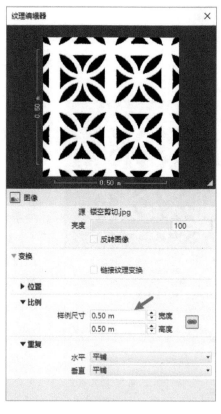

图 7-22

Step⑯注意此时 Navisworks 场景中显示窗的图案为镂空状态，如图 7-23 所示。

Step⑰至此完成自定义材质练习。关闭当前场景，不保存对场景的修改。

在 Autodesk Rendering 中定义材质时，可以采用贴图文件或程序贴图的方式，通过定义纹理、透明度、剪切、凹凸等材质通道得到任意形式的材质。在使用纹理贴图时，剪切、凹凸等选项利用贴图文件的亮度值计算材质的外观表现。如图 7-24 所示，为在 Navisworks 中定义的金属材质效果。

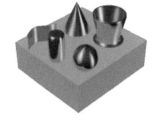

图 7-23　　　　　　　　图 7-24

注意，所有可以定义贴图的位置均可使用 Navisworks 提供的程序贴图，程序贴图通过利用指定的参数生成不同的纹理图案。与 3ds max 等专业渲染软件不同，在 Navisworks 中，每个材质通道仅可定义一种贴图。

7.1.3　自定义材质库

默认在 Autodesk Rendering 模式下自定义的材质仅允许在当前场景中使用。Navisworks 允许用户将自定义材质保存为自定义材质库，以方便与其他场景、用户共享材质定义。

如图 7-25 所示，单击 Autodesk Rendering 底部"创建、打开并编辑用户定义的库"按钮，在弹出菜单中选择"创建新库"，将弹出"创建库"对话框，指定自定义库的文件保存位置，并输入自定义库的库文件名称，即可创建用户自定义的材质库。

提示

自定义材质库的存档数据格式为 .adsklib 格式。

图 7-25

创建自定义材质库后，注意，用户新创建的材质库中，还不包含任何自定义的材质，移动鼠标至"文档材质"列表中任意材质名称，点击并按住鼠标左键，将文档材质拖拽至自定义材质库位置松开鼠标左键，即可将自定义材质添加至自定义材质库中，如图 7-26 所示。

除文档材质外，还可以将已有材质库中的材质添加至自定义材质库中，如图 7-27 所示，在材质库中任意材质名称上单击鼠标右键，弹出如图 7-27 所示的右键快捷菜单，选择"添加到→自定义材质库"，即可将所选择材质添加至自定义材质库。

对于大量的添加到自定义材质库材质，还可以在材质库中添加分类，用于管理不同类型的材质。例如，可以添加混凝土、外墙砖等不同的材质功能类别进行区分。如图 7-28 所示，右键单

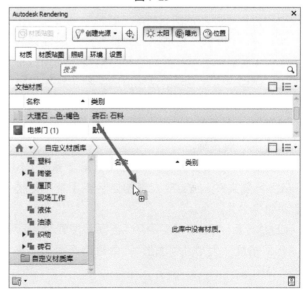

图 7-26

击用户创建的材质库名称，在弹出右键快捷菜单中选择"创建类别"，Navisworks 将创建新的材质类别，重命名该类别，并将材质拖拽至该类别中即可。

图 7-27

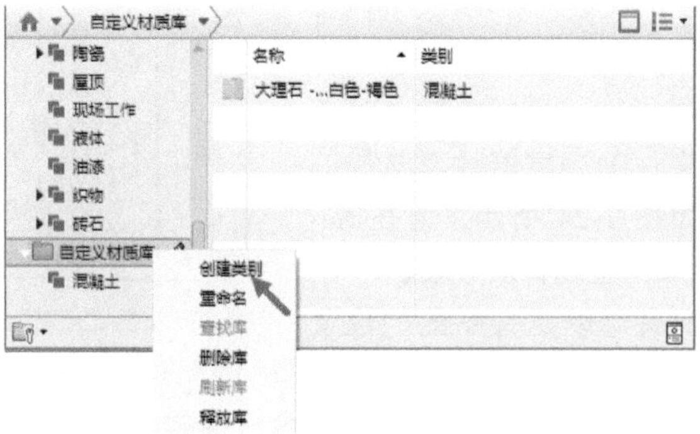

图 7-28

注意，如果删除材质库中的任何类别，除删除材质类别名称外，还将删除该类别中已包含的所有材质。

要在其他 Navisworks 中使用自定义的材质库，可以在 Navisworks 中单击"创建、打开并编辑用户定义的库"按钮，在弹出菜单中选择"打开现有库"，浏览至已保存的 .adsklib 文件位置，即可显示该库中包含的所有材质。注意，由于在材质库中仅保存了材质

图 7-29

的定义方式，材质中的贴图文件并未随材质库一并保存，所以如果将该材质库文件传递给他人，还必须将材质库中的贴图一并传递。否则，在将自定义材质库中的材质添加至文档材质中时，Navisworks 会给出如图 7-29 所示对话框，提示无法找到贴图文件，并要求用户指定该材质贴图的位置。

7.1.4 贴图坐标

在材质设置中，由于 Navisworks 将贴图的图片或程序以贴图方式分配给三维实体图元，有时可能需要精确调整贴图与模型图元实体间的对应关系，Autodesk Navisworks 提供了材质贴图修改选项，可为选定的几何图形选择相应的贴图类型，并调整在几何图形上放置、定向和缩放材质贴图的方式，用于实现对已经赋予材质的图元材质进行精确调节。

Navisworks 提供了包括平面、长方体、圆柱体和球体共计 4 种贴图方式，并允许用户对贴图分别做精确调整。例如，修改图元的贴图方式，利用贴图坐标对图元贴图的类型、贴图的比例等进行精确调整等。

接下来，通过练习说明在 Navisworks 中进行材质贴图调整的一般步骤。

Step01 打开随书资源"练习文件 \ 第 7 章 \ 7-1-4. nwd"场景文件。适当放大视图显示该场景中裙楼顶部装饰条位置。

Step02 设置"常用"选项卡"选择和搜索"面板中"选取精度"为"几何图形"；单击选择裙楼顶部装饰条图元。

Step03 打开"Autodesk Rendering"工具面板。如图 7-30 所示，切换至"材质贴图"选项卡，注意，

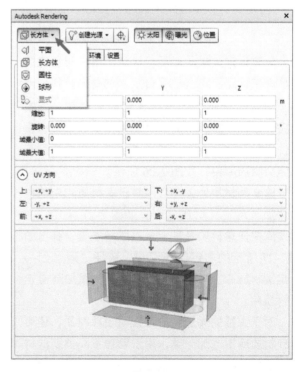

图 7-30

当前图元贴图方式为"长方体";单击贴图方式"长方体"下拉列表,注意,Navisworks 还提供了平面、圆柱体和球体几种贴图方式。

Step04 分别切换至平面、圆柱体和球体贴图方式,观察不同贴图方式下图元材质贴图的变化。

🔊 提 示

在 Autodesk Rendering 对话框下方提供了不同材质贴图方式示意,例如长方体方式的贴图将平铺显示在图元各表面。

Step05 确认当前贴图方式为"长方体"。如图 7-31 所示,修改"常规"选项中"平移"X 方向值为"0.6",按键盘回车键确认,注意,Navisworks 将沿图元 X 方向平移材质贴图位置。

Step06 参照图中所示,依次修改"缩放"X、Z 方向值为"2",按键盘回车键确认,注意观察材质贴图的变化。修改前与修改后贴图变化如图 7-32 所示。

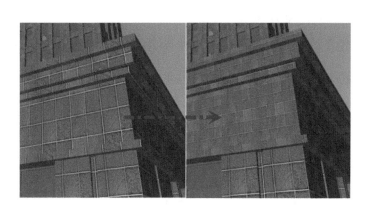

图 7-31

Step07 使用类似的方式,设置"旋转"选项中 Y 值为 45°,注意材质贴图将沿棱形显示,结果如图 7-33 所示。

图 7-32   图 7-33

Step08 在"UV 方向"选项中,可分别设置"长方体"贴图模式下各面的 UV 方向。如图 7-34 所示,单击"前"UV 方向列表,可以在列表中设置 UV 方向为"+x,+z",UV 方向决定贴图显示时的图片显示方向,也同时影响"常规"设置选项中设置"平移"值时的偏移方向。在本操作中,不对贴图方向进行修改。

Step09 至此完成贴图坐标修改练习,关闭该场景,不保存对场景的修改。

在计算机贴图运算时,由于需要将二维材质贴图图片分配给指定的三维曲面实体,需要计算三维曲面与材质定义中原贴图图片

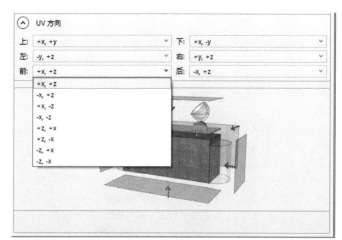

图 7-34

的对应关系,在计算机中将采用 UV 坐标的方式来定义贴图坐标。U 相当于 X,表示贴图的水平方向。V 相当于 Y,表示贴图的垂直方向。UV 坐标是三维图元对象在自己空间中的坐标,且 U、V 值均为 0~1 的范围。即 1 代表对象长度的 100%。

Navisworks 提供了 4 种贴图方式，详见表 7-1，用于指定贴图坐标的默认计算方式。分别为：平面、长方体、圆柱体和球体。

表 7-1

贴图方式	解　释	典型应用场景
平面	使用三维图元的某一个平面投影计算纹理坐标	平面广告牌材质
长方体	根据三维图元的各面法线方向进行不同的平面投影来计算纹理坐标。该方式是最常用的贴图方式	墙体、门窗
圆柱体	对于三维图元的侧面和顶面进行不同的平面投影来计算纹理坐标	圆形柱
球体	通过原点处的球体计算投影计算纹理坐标，产生包裹效果	球形对象

贴图坐标涉及渲染计算时材质的算法，因此，对于大多数人来说难以理解和掌握。而在绝大多数情况下均可以采用 Navisworks 给出的默认贴图即可，不需要对其进行调整。

7.2　灯光控制

材质设置完成后，还必须对场景中的灯光进行设置，才能照亮场景中的图元，以正确显示场景的光影关系。使用 Autodesk Rendering 方式，可以分别使用日光或人造光作为照亮场景的光源。一般来说，可以使用日光来模拟建筑场景在白天的光影情况，使用人工光源来模拟场景在夜晚时采用人工光源的照明情况。在默认情况下，Navisworks 会在场景中使用默认的光源显示场景。

7.2.1　创建人工光源

Navisworks 提供了点光源、聚光灯、光域网灯光和平行光四种人工光源类型。可以在场景中灵活使用这四种光源，以达到真实的场景展示的作用。

一般来说，点光源、光域网灯光用于照亮大范围的场景，而聚光灯、平行光用于照亮场景的局部。接下来，通过练习，学习如何在 Navisworks 场景中添加人工光源。

Step01 打开随书资源"练习文件 \ 第 7 章 \ 7-2-1. nwd"场景文件。打开 Autodesk Rendering 工具面板，切换至"光源"选项卡，如图 7-35 所示，注意，在左侧光源列表中显示了当前场景中所有可用的人工光源。该光源为在导入 Revit 场景时提供的默认光源。单击"太阳""曝光"按钮，取消场景中太阳光和曝光控制选项。

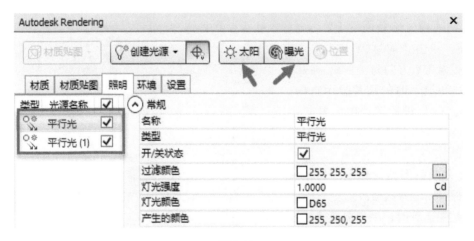

图 7-35

Step02 如图 7-36 所示，确认"光源图示符" ⊕ 处于激活状态；单击"创建光源"下拉列表，在列表中选择"聚光灯"，进入聚光灯放置模式。

图 7-36

Step03 如图 7-37 所示，移动鼠标至裙楼屋面左侧位置，单击鼠标左键作为聚光灯光源放置位置；移动鼠标至塔楼屋面位置，单击鼠标左键确定聚光灯的照射方向，完成该聚光灯的放置。

Step04 使用类似的方式，在裙楼屋面右侧创建聚光灯，结果如图 7-38 所示。

图 7-37

图 7-38

Step05 注意，添加聚光灯时，将在 Autodesk Rendering 面板左侧灯光列表中显示所有当前场景中已添加的人工光源。如图 7-39 所示，清除场景默认 "平行光" "平行光（1）" 状态复选框，将该默认光源设置为关闭状态。

图 7-39

Step06 如图 7-40 所示，在灯光列表中单击选择第二次创建的 "聚光灯"，注意，此时在场景中将显示灯光符号及灯光锥角线；修改右侧 "常规" 属性中 "名称" 为 "右侧聚光灯"，注意此时灯光列表中该灯光名称的变化；修改 "热点角度" 值为 "45°"，"落点角度" 值为 "80°"；注意场景中该灯光白色和绿色锥角区域的变化。

Step07单击"过滤颜色"属性中浏览按钮，弹出"颜色"对话框，如图 7-41 所示，在"颜色"对话框中选择"粉红"色，作为该灯光的过滤颜色。完成后单击"确定"按钮退出"颜色"对话框，注意该颜色 RGB 值为"255，0，255"。

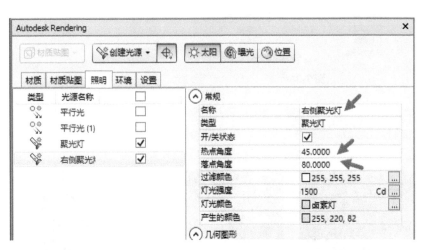

图 7-40

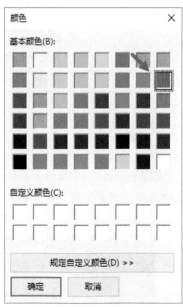

图 7-41

◀)) 提示

过滤颜色类似于灯具的灯罩的颜色，即灯光透过的玻璃罩颜色。

Step08如图 7-42 所示，单击"灯光颜色"属性中浏览按钮，弹出"灯光颜色"对话框；在"类型"中设置灯光的发光颜色类型为"标准颜色"，在标准颜色列表中选择灯光的发光类型为"冷白光荧光灯"。完成后单击"确定"按钮退出"灯光颜色"对话框。此时该聚光灯光源被设置为冷白光荧光灯。注意"产生的颜色"中 RGB 值为"255，0，150"，该颜色为结合该灯光过滤颜色及灯光颜色产生的最终照明颜色。

Step09单击"灯光强度"参数后浏览按钮，弹出"灯光强度"对话框。如图 7-43 所示，设置灯光强度的类型为"瓦特（瓦）"，修改灯光瓦特值为"300"，灯光效能为"10"，即该灯光光通量值为 3000 流明；完成后单击"确定"退出"灯光强度"对话框。注意此时该灯光照射范围内颜色及亮度的变化。

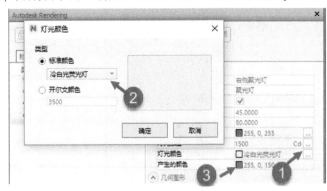

图 7-42

图 7-43

Step10移动鼠标至场景中第一次放置的左侧聚光灯光源符号位置，单击选择该光源。将在视图中出现光源照射锥角及黄色光源控制点、落点角度控制点及热点角度控制点。如图 7-44 所示，单击"落点角度"控制点激活该控制点①，Navisworks 将显示单向坐标轴，移动鼠标至该坐标轴位置，按住并拖动鼠标将修改落点角度值。

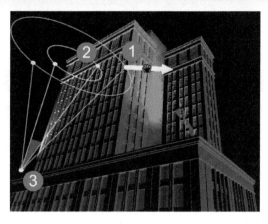

图 7-44

🔊 提 示

通过拖拽控制点方式修改光源落点范围与在 Autodesk Rendering 工具面板中修改 "落点角度" 值产生的结果完全相同。

Step⑪ 使用类似的方式拖动修改 "热点角度" 控制点②，拖动鼠标，根据需要调整至需要值，在本练习不再指定具体数值。激活聚光灯位置控制点③，将出现 XYZ 坐标轴，可以沿 X、Y、Z 方向调整聚光灯的放置位置。

🔊 提 示

注意在默认情况下移动聚光灯会同时移动聚光灯的照射目标。

Step⑫ 保持左侧聚光灯处于选定状态。如图 7-45 所示，勾选 "Autodesk Rendering" 工具面板 "几何图形" 设置中 "已确定目标" 选项，注意，在灯光照射目标位置将出现目标控制点。激活该控制点可以修改聚光灯的照射目标位置。

🔊 提 示

可以在 "几何图形" 设置中设置聚光灯精确的 X、Y、Z 坐标。

Step⑬ 到此完成本操作练习。关闭该场景，不保存对场景的修改。

在使用聚光灯时，Navisworks 提供了热点角度和落点角度两个重要的灯光参数。如图 7-46 所示，热点参数用于定义灯光中最亮的部分，也被称为光束角，如图中白色线条角度所示；而落点角度用于定义聚光灯中完整的最大照射范围，也被称为视场角，如图中绿色线条角度所示。热点角度与落点角度之间的差距越大，聚光灯照射区域的边缘就越柔和；反之，如果热点角度与落点角度几乎相等，则聚光灯照射区域的边缘就越明显。可以使用光源控制点或对应参数直接调整这些值。

图 7-45

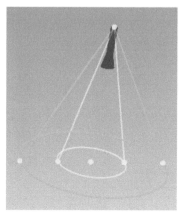

图 7-46

Navisworks 还提供了点光源、平行光、光域网灯光等其他人工光源形式，各光源的区别见表 7-2。各类灯光的使用方式与聚光灯光源类似，在此不再详述，请读者自行尝试添加其他形式的人工光源。

表 7-2

灯光名称	图标	功能描述
点光源		点光源将照亮它周围的所有对象。可以使用点光源获得常规照明效果
聚光灯		聚光灯会投射一个聚焦光束，产生类似如手电筒、剧场中的跟踪聚光灯的效果。通常用于亮显模型中的特定要素和区域
平行光		平行光产生基于一个平面的光线，它在任意位置照射面的亮度都与光源处的亮度相同，因此照明亮度并不精确。平行光对于统一照亮对象或背景幕非常有用
光域网灯光		光域网灯光根据制造商提供的真实光源数据文件产生光源，用于表示更加真实的灯光照度。通过此方式获得的渲染光源可产生比聚光灯和点光源更加精确的表示法。光域网灯光必须指定灯光的光域网 IES 文件

7.2.2 使用环境光

除使用人工光源外，Navisworks 还提供了基于地理位置的环境光源，通过指定地理经纬位置、日期及时间确定太阳的高度角，用于模拟在真实日照环境下的光影效果。要确定环境光源，应首先确定项目所在的地理位置。接下来以该项目所在地重庆市（北纬：29.59°，东经：106.54°）在夏至日下午 3 点 30 分环境光影效果为例，说明在 Navisworks 中设置环境光的一般步骤。

Step01 打开随书资源"练习文件 \ 第 7 章 \ 7-2-2. nwd"场景文件。默认将显示场景的外部视点位置。打开 Autodesk Rendering 工具面板，切换至"光源"选项卡，关闭场景中默认的两组平行光源。

Step02 如图 7-47 所示，确认激活"太阳"和"曝光"选项；单击"位置"按钮打开"地理位置"对话框。

Step03 如图 7-48 所示，在"地理位置"对话框中，确认纬度和经度的表示方式为"以十进制数表示经度/纬度"；修改纬度值为"29.59"，方向为"北"，即北纬 29.59°；修改经度值为"106.54"，方向为"东"，即东经 106.54°；修改时区为"UTC +08:00，北京，重庆，香港特别行政区，乌鲁木齐"；确认北向角度为"0"；完成后按"确定"按钮退出"地理位置"对话框。

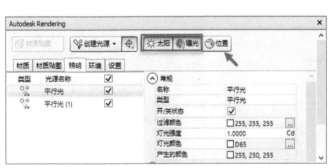

图 7-47   图 7-48

🔊 提示

"北向"选项中"角度"表示当前项目的正方向（项目北）与地理正北（地理北）方向的夹角，用于确定项目与太阳的相对角度。

Step04 如图 7-49 所示，在 Autodesk Rendering 工具面板中切换至"环境"选项卡。展开"太阳"属性面板。确认勾选"打开"选项；设置"太阳角度计算器"中"日期"为"2018 年 6 月 24 日"，设置"时间"为"15:30"，不勾选"夏令时"选项；修改"辉光强度"值为"1.5"，注意场景中太阳圆盘周围显示更大的光晕。

图 7-49

🔊 **提 示**

"太阳"的打开属性与 Autodesk Rendering 面板中"太阳"按钮功能相同。

Step05 展开"天空"设置属性。如图 7-50 所示，确认勾选"渲染天光照明"选项，即在渲染时将产生天空照明效果；修改"强度因子"为"1.2"，其他参数默认。

图 7-50

Step06 展开"曝光"设置属性。如图 7-51 所示，修改"曝光值"为"4.5"，注意，降低该值时场景视图中整体颜色将变亮；调整"高光"值为"0"，注意，降低该值时太阳位置的高光范围将降低；其他

参数默认。

Step07到此完成太阳光及天空照明设置。保存当前场景文件，关闭当前场景。

利用 Navisworks 的太阳、曝光及天空设置，可以得到真实的日照环境，用以实现对场景光影的展示。这部分的设置，除影响当前场景视图中的显示外，还将影响最终渲染输出时的效果。读者可自行尝试其他参数的设置，以体验不同参数设置带来的影响。

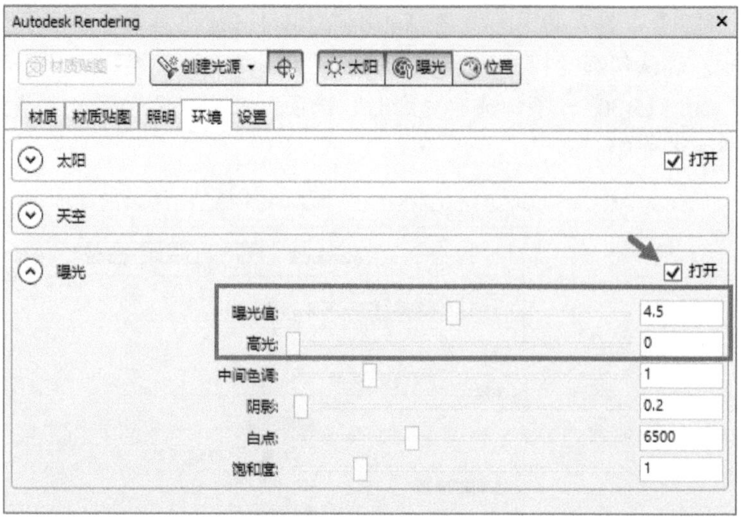

图 7-51

7.2.3 光源与场景照明

在 Navisworks 中添加人工光源或设置环境光源后，不仅会影响最终渲染时的光照效果，还将影响使用 Autodesk Rendering 模式下场景显示时的光照效果。

在本书第 3 章中介绍了 Navisworks 在场景中使用的光源照明模式，即全光源、场景光源、头光源和无光源。当使用全光源模式时，在场景中添加的光源（包括人工光源及环境光源）将作为场景最终显示的照明光源。而使用无光源模式，Navisworks 将采用平面渲染的方式显示当前场景视图，而不会再产生明暗的效果。

场景照明的模式不仅影响场景的显示，还将影响最终在使用光线跟踪渲染时采用的光源模式。关于场景照明的详细信息，请参见本书第 3 章相关内容。

7.3 渲染输出

在 Navisworks 中设置完成 Autodesk Rendering 的材质及灯光后，可以对当前场景进行渲染输出，以得到真实的展示效果。Navisworks 2019 中还提供了在场景视图中进行实时光线跟踪功能，用于实时采用光线追踪的方式查看光影效果。

接下来通过练习，介绍如何在 Navisworks 中使用 Autodesk Rendering 进行渲染导出及实时光线追踪。

Step01打开随书资源"练习文件 \ 第 7 章 \ 7-3. nwd"场景文件。如图 7-52 所示，确认"视点"选项卡"渲染样式"面板中光源的模式为"全光源"。

Step02打开"Autodesk Rendering"工具面板，确认"光源"选项卡中所有人工光源已关闭。切换至环境面板，确认"太阳""渲染天光照明"及"曝光"均处于打开状态，不修改该面板中任何参数。

Step03如图 7-53 所示，单击"输出"选项卡"视觉效果"面板中"图像"工具，弹出"导出图像"对话框。

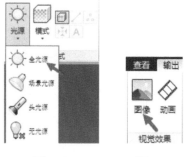

图 7-52　　　图 7-53

🔊 **提示**

在"视点"选项卡"导出"面板中也提供了同样的工具。

Step04如图 7-54 所示，在"导出图像"对话框中，设置输出"格式"为"PNG"格式；设置使用的"渲染器"为"Autodesk"；设置导出图像的"尺寸"为"使用视图"，即当前 Navisworks 场景窗口分辨率大小。完成后单击"确定"按钮将弹出"另存为"对话框，浏览至指定文件夹位置，输入图像文件名称，单击"保存"按钮，保存该图像文件。

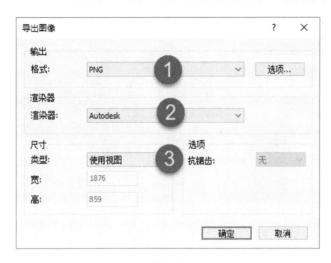

图 7-54

Step05 Navisworks 将显示当前渲染进度对话框，如图 7-55 所示。

Step06 渲染完成后渲染进度对话框将消失，场景渲染的结果如图 7-56 所示。

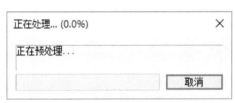

图 7-55　　　　　　　　　　　　　　　　图 7-56

Step07 在 Autodesk Rendering 工具面板中取消激活"太阳"环境光，关闭太阳环境光源；切换至"光源"选项卡，打开所有人工光源。

Step08 再次使用导出工具，使用与本练习第 4）步完全相同的设置，导出人工光源下的渲染图像为"PNG"格式，结果如图 7-57 所示。

接下来，将启用视图中实时光线追踪。要启用光线追踪，需要先设置光线追踪的渲染质量。

Step09 在 Autodesk Rendering 工具面板中关闭所有人工光源，打开太阳环境光源。切换至"渲染"选项卡，如图 7-58 所示，单击"渲染"面板中"光线跟踪"工具下拉列表，在下拉列表菜单中选择"中等质量"。

图 7-57

Step10 单击"光线跟踪"工具，Navisworks 将进入到实时光线跟踪模式，并在左下角显示当前场景中光线追踪计算进度，如图 7-59 所示。

图 7-58

图 7-59

在光线追踪过程中，对视图进行任何操作，Navisworks 都将重新启动光线跟踪计算，以显示当前视点状态下的追踪计算结果。

Step⑪注意，"交互式光线跟踪"选项板中"暂停"和"停止"工具将变为可用。如图 7-60 所示，用户可随时根据需要单击"暂停"工具暂停渲染或单击"停止"工具结束当前光线追踪任务。

单击"暂停"工具暂停渲染后，再次单击"暂停"工具，Navisworks 将继续渲染。

图 7-60

Step⑫单击"交互式光线跟踪"面板中"保存"工具，弹出"另存为"对话框，浏览至指定目录，将当前渲染结果保存于硬盘指定位置。Navisworks 允许将渲染结果保存为 PNG、JPG 或 BMP 格式的图片文件，方便用户浏览和查看。

Step⑬光线追踪结束后，单击"交互式光线跟踪"面板中"停止"工具，结束光线追踪运算。注意，在关闭光线追踪计算前，Navisworks 不允许对光源、材质等进行调整。

Step⑭到此完成本练习操作。关闭当前场景，不保存对场景文件的修改。

利用导出图像并在导出时使用 Autodesk 渲染器的方式可以将任意视点导出为外部渲染后图片，使用光线追踪可以在当前场景视图中对光影效果进行实时预览。在导出漫游路径等动画时，同样可以选择使用 Autodesk 渲染器的方式，对动画中每一帧画面进行渲染。如图 7-61 所示，只需要在导出动画中设置 Autodesk 渲染器即可。

图 7-61

注意，不论使用渲染器导出渲染还是采用光线追踪，其消耗的时间均与输出图像的分辨率及当前场景视图的大小有关。视图越大，所消耗的时间越长。而在输出图片或启用光线追踪时，当前场景中的光源设置将决定最终渲染的光线追踪运算时采用的光源形式。

本 章 小 结

Navisworks 提供了 Autodesk Rendering 渲染引擎。Autodesk Rendering 是以 MentalRay 为核心的渲染表现

模式，可以实现与 Autodesk Revit 等产品实现材质共享，以简化材质设置。在使用 Autodesk Rendering 进行渲染时，需要为场景中的图元指定材质、灯光等设置。Navisworks 在材质设置中，可以根据需要自定义材质贴图，并为材质指定正确的贴图坐标的形式，在使用灯光时，除可以手动为场景添加灯光照明之外，还可以为场景指定日光照明，用于表达真实的自然光场景。

Navisworks 提供了 Animator 动画功能，用于在场景中制作如开门、汽车运动等场景动画，用于增强场景浏览的真实性。Navisworks 提供了包括图元、剖面、相机在内的 3 种不同类型的动画形式，用于实现如对象移动、对象旋转、视点位置变化等动画表现。在 Navisworks 中，每个图元均可以添加多个不同的动画，多个动画最终形成完整的动画集。将这些场景动画功能与本书第 10 章中介绍的 4D 施工模拟结合，可以用来模拟更加真实的施工过程。

8.1 图元动画

Navisworks 提供了 Animator 工具面板，用户可以在 Animator 工具面板中完成动画场景的添加与制作，并对场景和动画集进行管理。

Navisworks 中能以关键帧的形式记录在各时间点中的图元位置变换、旋转及缩放，并生成图元动画。

8.1.1 移动动画

Navisworks 提供了移动动画，可为场景中的图元添加移动动画，用来表现图元生长、位置变化、起重机移动等动画形式。下面通过练习，说明为场景中图元添加移动动画的一般步骤。

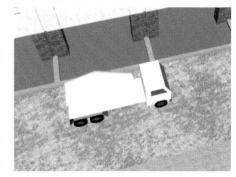

图 8-1

Step01 打开随书资源中的 "练习文件 \ 第 8 章 \ 8-1-1. nwd" 场景文件。切换至 "移动视角" 视点位置。该场景显示了由 Autodesk Revit 创建的办公楼建筑模型，下面将对视点中的汽车制作移动动画以表现该车位置的移动和变化，如图 8-1 所示。

Step02 如图 8-2 所示，在 "常用" 选项卡的 "工具" 面板中单击 "Animator" 工具，将打开 "Animator" 工具面板。

Step03 "Animator" 工具面板如图 8-3 所示。该面板由动画控制工具条、动画集列表及

图 8-2

动画时间窗口构成。由于当前场景中还未添加任何场景及动画集，因此该面板中绝大多数动画工具条均为灰色。

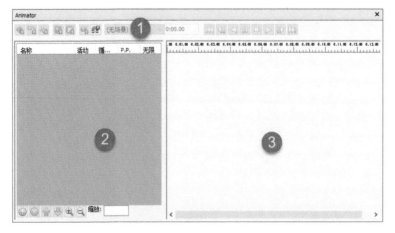

图 8-3

Step04 制作动画时，必须首先在"Animator"面板中添加场景，并在场景中添加动画集才可以进行制作。如图 8-4 所示，单击"Animator"面板左下角的"添加场景"按钮，或用鼠标右键单击左侧场景列表中空白区域任意位置，在弹出的快捷菜单中选择"添加场景"，将添加名称为"场景 1"的空白场景。

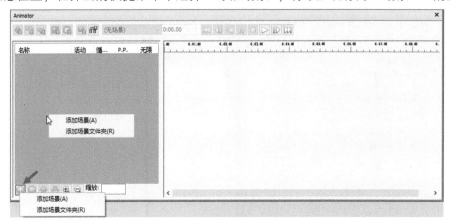

图 8-4

🔊 提 示

添加场景文件夹为"添加场景"的文件夹组织，用于对场景中多个动画进行管理。

Step05 单击"场景 1"名称，进入名称修改状态；输入"汽车运动"并按〈Enter〉键作为新场景名称。

🔊 提 示

"Animator"面板中默认禁止使用中文输入法。用户可以在空白文本中输入需要的中文名称后，复制、粘贴到动画场景的名称位置。

Step06 在"集合"工具面板中，单击名称为"汽车"的选择集，选择场景中的汽车图元。在"Animator"工具面板中，用鼠标右键单击上一步中创建的"汽车运动"场景名称，在弹出如图 8-5 所示的快捷菜单中选择"更新动画集"→"从当前选择"，将创建默认名称为"动画集 1"的新动画集。

🔊 提 示

如果当前场景中定义了选择集或搜索集，用户还可以使用"从当前搜索/选择集"选项，该选项是指已经在选择集或搜索集中建立好的集合。

Step07 修改动画集名称为"水平运动"。默认该动画集将标记为"活动"。如图 8-6 所示，在"Animator"工具面板左侧的动画集列表窗口中单击"水平运动"动画集；确认当前时间点为"0:00.00"，即动画的开始时间为 0s；单击工具栏中的"捕捉关键帧" 按钮，将汽车当前位置状态设置为动画开始时的关键帧状态。

图 8-5

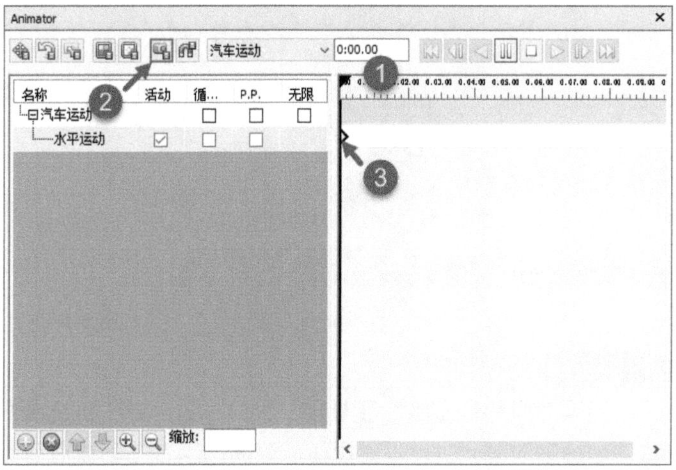

图 8-6

Step08接下来设置第二个关键帧。如图 8-7 所示，移动鼠标指针至右侧动画时间窗口位置，拖动时间线至 4s 位置，或在时间文本框中输入 "0:04.00"，Navisworks 将自动定位时间滑块至该时间位置。

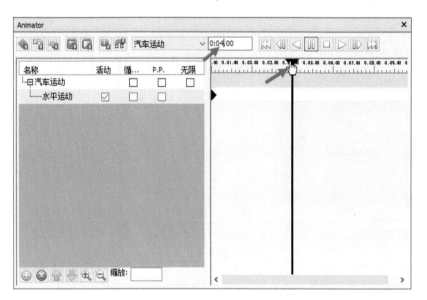

图 8-7

🔊 **提示**

在时间窗口中，按住〈Ctrl〉键并滑动鼠标滚轮，可缩放时间窗口中的时间线，其作用与单击 "Animator" 面板左侧下方工具条中 "放大" 或 "缩小" 工具相同。

Step09如图 8-8 所示，单击 "Animator" 工具面板的工具栏中 "平移动画集" 🔷工具，"Animator" 面板底部将出现平移坐标指示器。在 "X" 文本框中输入 "50"，按〈Enter〉键确认，即动画集中图元将沿 X 轴方向移动 50m；单击 "捕捉关键帧" 按钮将当前图元状态捕捉为关键帧，即 Navisworks 将在时间线 4s 位置添加新关键帧。

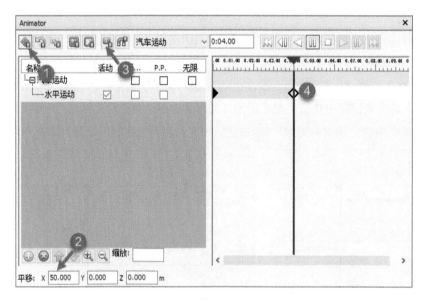

图 8-8

🔊 **提示**

使用 "平移动画集" 工具时，Navisworks 将在所选择图元中显示平移坐标系，可以使用鼠标直接按住坐标轴对图元进行平移操作。该操作与本书前述章节中介绍的图元移动工具类似。

Step10单击 "Animator" 工具面板顶部动画控制栏中 "停止" 🔲按钮，动画将返回至该动画集的时间起点位置。单击"播放" ▷ 按钮观察动画的播放方式，如图 8-9 所示。

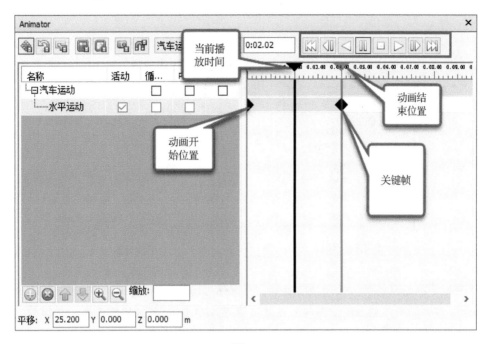

图 8-9

Navisworks 使用淡蓝色标记移动动画集的动画时间轴范围。

Step11 如图 8-10 所示，在"Animator"工具面板左侧动画集列表的"水平运动"动画集中勾选"P. P"复选框，即在原设置动画结束后再次反向播放动画，Navisworks 将自动调整动画的结束位置，当前动画集的结束时间自动修改为 8s，再次配合使用播放工具播放该动画，注意在播放完成关键帧动画后将立即以相反的方式播放该动画集。

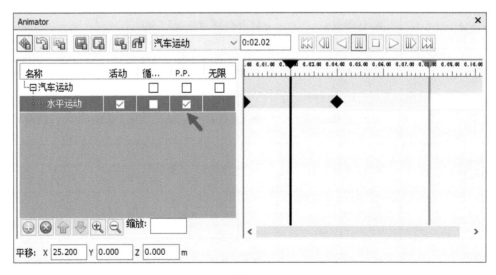

图 8-10

Step12 勾选"水平运动"动画中"循环播放"复选框，配合使用播放工具播放该动画，注意在 Navisworks 循环反复播放动画集中定义的动画。

Step13 如图 8-11 所示，用鼠标右键单击动画窗口中关键帧位置，在弹出的快捷菜单中选择"编辑"，弹出"编辑关键帧"对话框。

Step14如图 8-12 所示，在"编辑关键帧"对话框中，用户可对当前关键帧平移的距离、中心点等进行详细设置和调速，调整后将影响动画的关键帧设定。在本例中，不做任何修改，单击"确定"按钮退出"编辑关键帧"对话框。

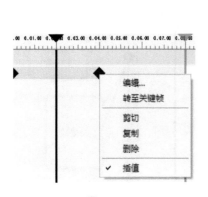

图 8-11   图 8-12

Step15到此完成平移动画练习。关闭当前场景，不保存对场景的修改。

在 Navisworks 中，动画集动画至少由两个关键帧构成。Navisworks 会自动在两个关键帧之间进行插值运算，使得最终动画变得平顺。

"循环播放""P. P"等动画集播放选项，可以生成类似于用于表现往复运动的图元，如场景中反复运动的施工设备等。

在"Animator"工具面板中，Navisworks 提供了平移、旋转、缩放等不同动画集，不同图标对应的动画集名称及功能见表 8-1。

表 8-1

动画工具	图标名称	功能详述
	平移动画集	位置移动类动画，如汽车行走
	旋转动画集	绕指定轴旋转类动画，如开门、关门
	缩放动画集	沿指定方向改变图元大小，如表现墙沿 Z 轴长高
	更改动画集的颜色	修改动画集中图元颜色，在指定动画周期内，改变图元颜色
	更改动画集的透明度	修改动画集中图元透明度，在指定动画周期内，改变图元透明度
	捕捉关键帧	用于设定动画在指定时间位置的关键帧
	打开/关闭捕捉	用鼠标在场景中移动、旋转图元时，开启图元捕捉功能

每个场景动画中可包含一个或多个动画集，用于表现场景中不同图元的运动。例如，对于场景中的塔式起重机，可同时添加垂直方向的移动动画集用于展示塔式起重机在施工过程中不断升高的过程，同时可配合添加循环播放的旋转动画集，用于展示塔式起重机吊臂的往复吊装工作。在本章后面章节中将详细介绍其他动画集的使用方式。

8.1.2 旋转动画

除上一节中介绍的平移动画外，Navisworks 还提供了旋转动画集，可为场景中的图元添加如开门、关门等图元旋转动画，用来表现图元角度变化、模型旋转展示等。下面通过练习，说明为场景中图元添加旋转动画的一般步骤。

Step01 打开随书资源中的"练习文件 \ 第 8 章 \ 8-1-2. nwd"场景文件，切换到"旋转视角"视点位置。该场景显示了由 Autodesk Revit 创建的办公楼建筑模型。下面将对如图 8-13 所示视点中的木门制作旋转动画以表现该木门开关过程。

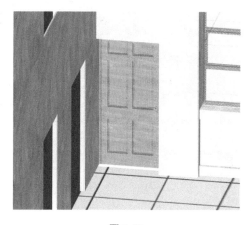

图 8-13

Step02 单击木门图元。打开"Animator"面板，添加名称为"木门旋转"的动画场景；用鼠标右键单击"木门旋转"场景，在弹出的快捷菜单中选择"添加动画集"→"从当前选择"的方式创建新动画集，修改该动画集名称为"旋转运动"。

Step03 如图 8-14 所示，在"Animator"工具面板左侧的动画集列表窗口中单击"旋转运动"动画集；确认当前时间点为"0:00.00"，即动画的开始时间为 0s；单击"Animator"工具栏中的"捕捉关键帧" 按钮，将木门当前位置的状态设置为动画开始时的关键帧状态。

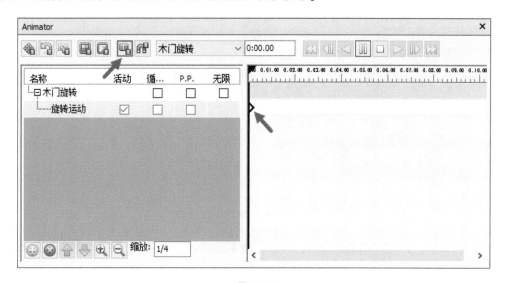

图 8-14

Step04 移动鼠标指针至右侧动画的时间窗口，拖动时间线至 6s 位置，或在时间窗口中输入"0:06.00"，Navisworks 将自动定位时间滑块至该时间位置。

Step05 如图 8-15 所示，在"Animator"工具面板的工具栏中单击"旋转动画集" 工具，Navisworks 将在场景中显示坐标小控件，确认该坐标小控件位于木门图元的门轴位置。在"Animator"面板底部将出现旋转坐标指示器。在"Animator"面板底部的"Z"文本框中输入"90"，按〈Enter〉键确认，即动画集中图元将沿坐标显示位置的 Z 轴方向旋转 90°。

🔊 提 示

　　使用旋转动画集时，在"Animator"工具面板的底部输入栏中，除显示绕 X、Y、Z 轴旋转值外，cX、cY、cZ 文本框中显示了当前坐标轴小控件的原点位置，用户可通过修改该值来修改小控件的位置；oX、oY、oZ 显示了小控件的默认方向，可修改该值来改变小控件的默认方向。

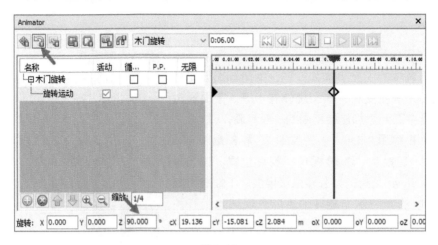

图 8-15

Step06 单击"捕捉关键帧"按钮将当前图元状态捕捉为关键帧，即 Navisworks 将在时间线 6s 的位置添加新关键帧。

Step07 如图 8-16 所示，单击"Animator"工具面板顶部动画控制栏中的"停止"□按钮，动画将返回至该动画集的时间起点位置。单击"播放"▷按钮观察动画的播放方式。

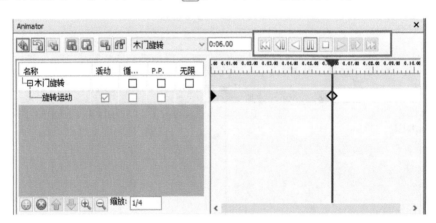

图 8-16

Step08 如图 8-17 所示，在"动画"选项卡的"回放"面板中单击"动画"下拉列表，Navisworks 将场景中已定义的动画归纳为"对象动画"类别，展开该类别，选择上述操作中定义的"木门旋转"动画，单击"播放"工具，可在当前场景中查看木门旋转动画。

图 8-17

Step09 至此，完成旋转动画练习。关闭当前场景，不保存对场景的修改。

旋转动画集可以通过旋转指定图元角度，并记录旋转过程中生成的动画，通常用于表现门窗开启、塔式起重机旋转、施工车辆转弯等动画形式。

Navisworks 不仅可以在"Animator"面板中对制作的对象动画进行查看，还可以在"动画"选项卡的"回放"面板中查看动画。其操作方式与查看漫游时录制的动画相同，在此不再赘述。

8.1.3 缩放动画

缩放动画集，是将场景中图元按照一定的比例在 X、Y、Z 方向上进行放大和缩小，并用"Animator"

面板中的时间轴记录下放大和缩放的动作，就形成了缩放动画。利用缩放动画，可以展示类似于从小到大的生长类动画，如模拟结构柱从矮到高变化来展示施工进展过程。下面通过练习，学习缩放动画的一般步骤。

Step01打开随书资源中的"练习文件\第8章\8-1-3.nwd"场景文件，切换到"缩放动画"视点位置，该场景显示了结构柱模型。

Step02打开"Animator"面板，添加新场景，修改场景名称为"结构柱"。展开"集合"工具窗口，单击名称为"结构柱"的选择集，选择场景中部分结构柱图元。用鼠标右键单击"Animator"面板中"结构柱"场景名称，在弹出的快捷菜单中选择"添加动画集"→"从当前选择"，创建新动画集，修改动画集名称为"结构柱生长"。

Step03如图8-18所示，在"Animator"工具面板中确认当前时间点为"0：00.00"，即动画的开始时间为0s；单击动画集工具栏中的"缩放动画集"按钮，Navisworks将在场景中显示缩放小控件。修改"Animator"底部缩放设置沿"Z"方向值为"0.01"，Navisworks将以缩放小控件位置为基点缩放所选择结构柱图元；单击"捕捉关键帧"按钮，将当前缩放状态设置为动画开始时的关键帧状态。

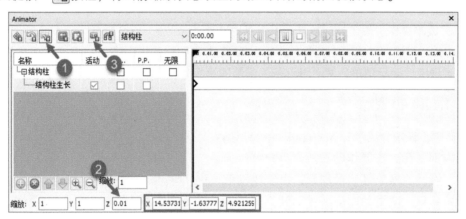

图 8-18

提 示

缩放动画集中，"Animator"面板底部右侧的X、Y、Z值代表缩放小控件所在位置坐标值。

Step04在"Animator"面板中拖动时间线至6s位置，或在时间位置窗口中输入"0：06.00"；确认"缩放动画集"工具仍处于激活状态，修改底部"缩放"的"Z"值为"1"，即所选择结构柱图元将恢复至原尺寸大小，其他参数不变。单击"捕捉关键帧"按钮将当前状态捕捉为关键帧。

Step05单击"Animator"工具面板顶部动画控制栏中的"停止"按钮，动画将返回至该动画集的起点位置。单击"播放"按钮观察动画的播放方式。注意，由于缩放小控件并未位于结构柱底部，结构柱动画显示为向两侧生长。

Step06如图8-19所示，用鼠标右键单击动画起始位置关键帧，在弹出的快捷菜单中选择"编辑"，打开"编辑关键帧"对话框。

Step07如图8-20所示，修改"居中"栏中"cZ"为"0"，即修改该关键帧位置小控件Z值为0，单

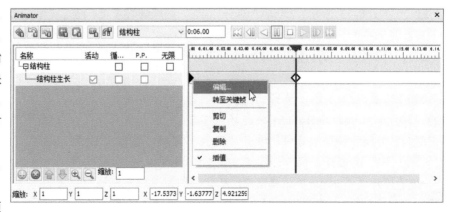

图 8-19

137

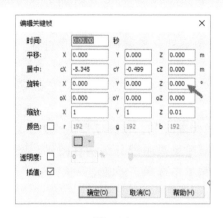

图 8-20

击"确定"按钮退出"编辑关键帧"对话框。

Step08使用相同方式，修改 6s 关键帧时的"cZ"为"0"。再次预览动画，注意，此时结构柱显示为从下至上缩放生长状态。

Step09至此完成本操作。关闭当前场景，不保存对文件的修改。

无论缩放动画还是旋转动画，小控件的中心位置将决定动画的表现方式。用户可以通过"编辑关键帧"对话框中"居中"坐标值的方式，修改各关键帧的小控件位置，从而得到不同形式的展示动画。

8.2 剖面动画

在前述章节中，详细介绍了在 Navisworks 中启用剖面以查看场景内部图元。在制作动画时，用户可以为剖面添加移动、旋转、缩放等场景动画，用于以动态剖切的方式查看场景。使用剖面动画可以制作简单的生长动画，用于表现建筑从无到有的不断生长过程。注意，使用剖面动画必须在场景中启用剖面，且该剖面将剖切场景中所有图元对象。

下面通过练习，说明在 Navisworks 中使用剖面动画的一般步骤。

Step01打开随书资源中的"练习文件 \ 第 8 章 \ 8-2. nwd"场景文件，切换到"剖面视角"视点位置，

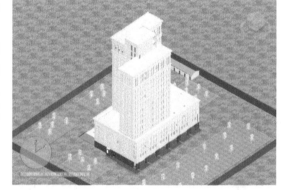

图 8-21

该场景显示了由 Autodesk Revit 创建的办公楼建筑模型，如图 8-21 所示。

Step02如图 8-22 所示，在"视点"选项卡的"剖分"面板中单击"启用剖分"工具，在场景中启用剖分显示。Navisworks 将自动切换至"剖分工具"上下文选项卡。

Step03如图 8-23 所示，确认"剖分工具"上下文选项卡中剖分"模式"为平面；激活当前剖面为"平面 1"；确认该平面的"对齐"方式为"顶部"。

Step04如图 8-24 所示，单击"变换"面板中的"移动"工具，Navisworks 将在场景中显

图 8-22

示该剖面，并显示移动小控件。展开"变换"面板，修改"位置"中"Z"值为"0"；即移动平面至"Z"值为"0"的位置。

Step05打开"Animator"工具窗口。新建名称为"建筑剖面"的动画场景；用鼠标右键单击上一步中创建的"建筑剖面"，在弹出如图 8-25 所示的快捷菜单中选择"添加剖面"，创建默认名称为"剖面"的动画集。

Step06在"Animator"工具窗口的左侧动画集列表窗口中单击"剖面"动画集；确认当前动画时间轴的时间点为"0: 00.00"，即动画的开始时间为 0s；单击"Animator"工具栏中的"捕捉关键帧"按钮，将剖面当前位置状态设置为动画开始时的关键帧状态。

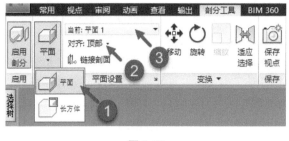

图 8-23

Step07拖动时间线至 6s 位置或在时间文本框中输入"0: 06.00"，Navisworks 将自动定位时间滑块至该时间位置。确认在"剖分工具"上下文选项卡的"变换"面板中激活"移动"工具。移动鼠标指针至场景中，移动变换小控件至蓝色 Z 轴位置，按住鼠标左键，沿 Z 轴方向移动剖面位置直到显示完整的场景。在"Animator"工具窗口中单击"捕捉关键帧"按钮将当前图元状态捕捉为 6s 位置关键帧，结果如图 8-26 所示。

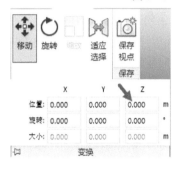

图 8-24　　　　　　　图 8-25

Step08使用动画播放工具，预览该动画。注意，Navisworks 将按时间沿 Z 轴方向移动剖面位置。

Step09至此完成本练习。关闭当前场景，不保存对场景的修改。

Navisworks 允许用户对剖面动画中各关键帧进行设置与修改。用鼠标右键单击"Animator"面板中的关键帧，弹出如图8-27所示的"编辑关键帧"对话框，可以对剖面动画中采用的剖面名称、位置进行设置与调整。

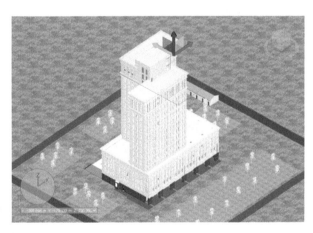

图 8-26　　　　　　　　　　　图 8-27

Navisworks 的每个场景中仅允许添加一个剖面动画集。当需要多个剖面动画时，用户可以在"Animator"面板中添加多个不同场景。Navisworks 将使用红色标记移动动画集动画时间轴范围。

剖面动画的应用很广泛，一般用于着重表现项目内部的细节部分。注意，剖面动画与移动、旋转、缩放动画集不同，在定义剖面动画时，必须在"剖分工具"上下文选项卡的"变换"面板中使用"移动""旋转""缩放"等变换工具对剖面位置、大小进行修改。

8.3 相机动画

Navisworks 中除通过使用漫游的方式实现视点位置移动外，"Animator"面板中还提供了相机动画，用于实现场景的转换和视点的移动变换。相对于漫游工具，相机动画可控性更强，从而更加平滑地实现场景的漫游与转换。

与其他动画集类似，相机动画同样通过定义两个或多个关键帧的方式实现。下面通过练习，说明在 Navisworks 中添加相机动画的一般步骤。

Step01 打开随书资源中的"练习文件 \ 第 8 章 \ 8-3. nwd"场景文件，切换到"相机视角"视点位置，该场景显示了由 Autodesk Revit 创建的办公楼建筑模型。

Step02 打开"Animator"面板，新建名称为"建筑相机"的动画场景。用鼠标右键单击上一步中创建的"建筑相机"，在弹出如图 8-28 所示的快捷菜单中选择"添加相机"→"空白相机"，将创建默认名称为"相机"的新动画集。

Step03 在"Animator"工具面板左侧的动画集列表窗口中单击"相机"动画集；确认当前时间点为"0:00.00"，即动画的开始时间为"0s"；单击"Animator"工具栏中的"捕捉关键帧"按钮，将当前视点位置设置为动画开始时的关键帧状态。

Step04 拖动时间线至 6s 位置或在时间位置文本框中输入"0:06.00"，Navisworks 将自动定位时间滑块至该时间位置。在"视点"选项卡的"导航"面板中使用"环视"工具，按顺时针方向旋转画面至新视点位置，单击"捕捉关键帧"按钮将当前图元状态捕捉为第二关键帧。

Step05 使用动画播放工具，预览该动画。注意，Navisworks 将按时间沿 Z 轴方向移动剖面位置。

Step06 至此完成本练习。关闭当前场景，不保存对场景的修改。

相机动画使用较为简单，仅需要在动画中定义好至少两个关键帧的视点位置即可。用鼠标右键单击关键帧，在弹出的快捷菜单中选择"编辑"，将弹出视点动画"编辑关键帧"对话框，如图 8-29 所示，可以对视点在该关键帧位置的视点坐标、观察点位置、垂直视野、水平视野等视点属性进行修改，以得到更为精确的视点动画。

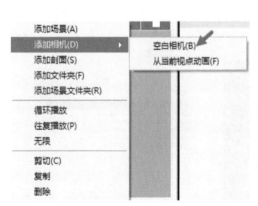

图 8-28

图 8-29

在创建相机动画时，Navisworks 还提供了"从当前视点动画"这个选项，使用该选项时，将在"Animator"面板中添加如图 8-30 所示"视点"选项卡，"保存、载入和回放"面板中显示的当前动画作为相机动画，并自动根据已有动画自动定义生成动画关键帧。

将当前动画添加至"Animator"面板，可对各关键帧视点进行详细设定，使动画更为可控。当场景中不存在已录制的

图 8-30

漫游动画集时，则"从当前视点动画"选项将无效。注意，Navisworks 将使用绿色标识相机动画集动画时间轴范围。

本 章 小 结

动画集使在 Navisworks 中查看场景变得更加生动。Navisworks 提供了 Animator 模块，用于在场景中定

义不同类型的动画集。本章详细介绍了 Navisworks 中的移动、旋转、缩放等变换动画集以及剖面动画、相机动画的功能及使用方式。每种动画集的使用都较为相似，均依照场景中的变换，通过在指定时间位置使用"捕捉关键帧"的方式生成关键帧动画。Navisworks 允许用户对关键帧进行详细修改和编辑。Navisworks 中一个场景中可以设置多个动画集，以展示图元的不同运动。

除使用播放功能播放各动画集外，还可与下一章中介绍的"脚本控制"进行关联，使场景更为丰富。在下一章中将详细介绍 Navisworks 中场景控制。

Navisworks 提供了 Scripter 模块，用于在场景中添加脚本。脚本是 Navisworks 中用于控制场景及动画的方法，使用脚本可以使场景展示更为生动。在 Navisworks 中，脚本被定义了一系列的条件，当场景中的事件满足该脚本的定义条件时，将执行指定的动作。例如，可以在定义门开启场景动画后，通过脚本定义，在场景漫游时，当到达该门图元附近指定区域范围内时自动播放该动画；当离开该门图元指定区域范围时，播放门关闭的动画。这样，在浏览场景时将更加真实生动。

9.1　认识脚本

Navisworks 通过 "Scripter" 工具窗口定义场景中所有可用的脚本。脚本通过事件定义、触发条件及动作定义等一系列的规则，用于实现场景的控制方式。下面通过定义使用快捷键，实现开门动画的脚本，理解脚本定义的一般过程。

Step01 打开随书资源中的 "练习文件 \ 第 9 章 \ 9-1. nwd" 场景文件，切换至 "室外幕墙门" 视点。打开 "Animator" 动画工具窗口，如图 9-1 所示，该场景中已预设名称为 "幕墙门开启" 的场景动画。单击 "播放" 按钮预览该动画，注意，已为左侧幕墙门添加旋转动画。预览完成后单击 "停止" 按钮返回动画初始位置。

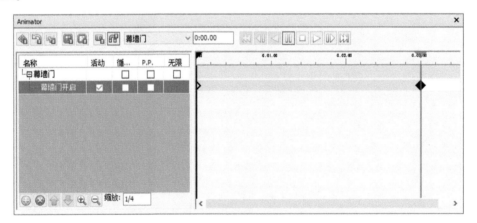

图 9-1

Step02 如图 9-2 所示，在 "常用" 选项卡的 "工具" 面板中单击 "Scripter" 按钮，打开 "Scripter" 工具窗口。

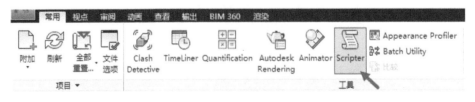

图 9-2

Step03 如图 9-3 所示，"Scripter" 工具窗口由 "脚本" "事件" "操作" 和 "特性" 4 部分组成。"脚本" 选项组中定义了当前场景中所有可用的脚本名称。单击 "脚本" 选项组底部的 "添加新文件夹" 按钮，添加新脚本管理文件夹，修改该文件夹名称为 "1F 动画"；单击 "脚本" 选项组底部的 "添加新脚本" 按钮，在 "1F 动画" 文件夹下创建名称为 "幕墙门开启" 的脚本。确认所有脚本文件夹及脚本处于 "活动" 状态，即在当前场景中启用该脚本的定义。

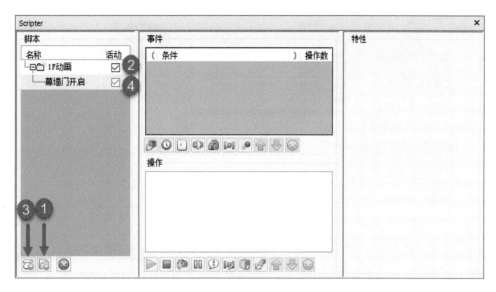

图 9-3

提示

　　"Scripter" 工具窗口中修改脚本名称时无法启用中文输入法输入中文，可在文字工具中输入需要的名称并将其复制、粘贴至 "Scripter" 脚本名称中。

　　Step04 下面将为脚本定义事件。由于需要通过按键盘的指定字母执行开门动画，因此将使用 "按键触发" 事件。如图 9-4 所示，单击 "事件" 选项组底部的 "按键触发" 按钮，添加 "按键触发" 事件。单击右侧 "特性" 选项组中 "键" 文本框，按 〈Q〉 键，将该事件触发键设置为 〈Q〉 键；单击 "触发事件" 下拉列表，在列表中单击 "按下键" 选项，即当按 〈Q〉 键时，Navisworks 将触发该脚本。

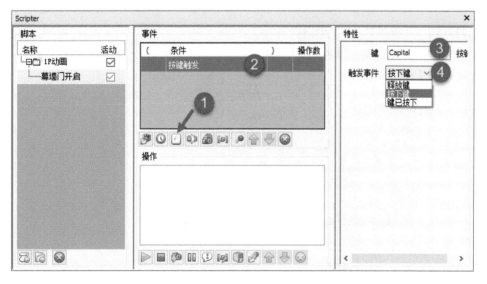

图 9-4

　　Step05 完成事件触发条件的定义后，用户需要为该事件定义操作。本例中将添加 "幕墙门开启" 动画。如图 9-5 所示，单击 "操作" 选项组底部的 "播放动画" 按钮，添加 "播放动画" 操作。在 "特性" 选项组的 "动画" 下拉列表中选择 "动画" 为 "幕墙门开启"；确认勾选 "结束时暂停" 复选框，即在动画结束时停止播放动画；确认动画 "开始时间" 为 "开始"，"结束时间" 为 "结束"，即按从开始到结束的方式播放"幕墙门开启"动画过程。

图 9-5

Step06 至此,完成"幕墙门开启"动画的脚本定义。如图 9-6 所示,在"动画"选项卡的"脚本"面板中单击"启用脚本"按钮,在场景中激活脚本。

◀)) 提 示

> 激活脚本后,Navisworks 将不允许修改"Scripter"工具面板中的脚本设置。

图 9-6

Step07 激活场景视图。按〈Q〉键,由于在"按键触发"事件中定义了该键,Navisworks 将在场景中播放"幕墙门开启"动画。由于在脚本"播放动画"操作中设置"结束时暂停"选项,因此在播放动画后将一直处于开门状态。

下面将继续修改脚本,使得幕墙门在开启后将自动关闭。

Step08 在"动画"选项卡的"脚本"面板中单击"启用脚本"按钮,取消脚本激活。"Scripter"工具面板中定义的脚本处于可编辑状态。如图 9-7 所示,单击"操作"选项组底部的"暂停" ⅠⅠ 按钮,修改"延迟"时间为"6s",即激活脚本事件后将暂停 6s 再执行后续操作。

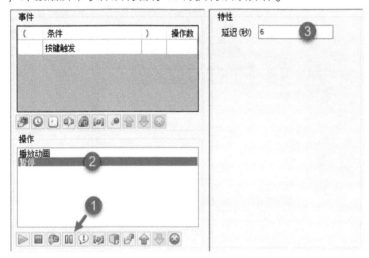

图 9-7

◀)) 提 示

> 暂停时间从脚本开始执行进行计算。由于"播放动画"操作长度为 3s,因此在播放完成动画后,Navisworks 将暂停 3s 再继续执行后继操作。

Step09继续单击"播放动画" ▶️ 按钮添加播放动画操作。如图 9-8 所示，在"特性"选项组中的"动画"下拉列表中选择动画名称为"幕墙门开启"；确认勾选"结束时暂停"复选框，即在动画结束时停止播放动画；确认动画"开始时间"为"结束"，"结束时间"为"开始"，即按从结束到开始的反向播放方式来播放"幕墙门开启"动画过程。

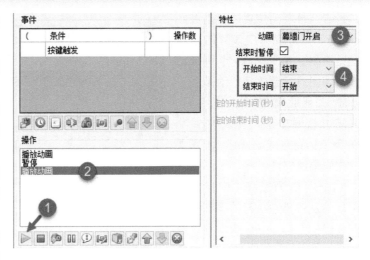

图 9-8

Step⑩激活"启用脚本"选项。按〈Q〉键，注意此时 Navisworks 在播放完成动画后，将暂停 3s 后继续以反向方式播放由开门至关门状态的动画。

脚本的触发事件同样可由多种条件定义。例如，可以通过键盘按键的方式触发动画播放事件，也可以设置当漫游至幕墙门附近指定距离时自动触发操作。

Step⑪取消脚本激活。如图 9-9 所示，在"Scripter"工具窗口的"事件"选项组中单击底部"热点触发" 🎰 按钮，添加"热点触发"事件。修改"特性"选项组中的"热点"类型为"选择的球体"，即以选定对象位置为放置热点范围；设置"触发时间"为"进入"，即当漫游方向为从热点范围外进入热点范围时触发该事件。

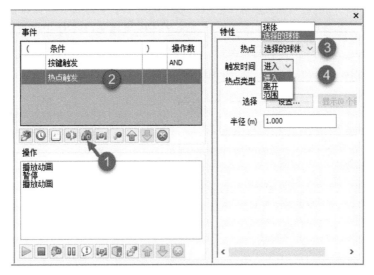

图 9-9

🔊 提示

Navisworks 的热点为指定位置的球体半径范围，只要视点处于该范围内，即可触发该事件。Navisworks 提供了"球体"与"选择的球体"两种热点类型，球体为指定图元位置的热点区域。

Step⑫使用选择工具，在场景中选择动画集中显示的幕墙图元。在"Scripter"工具窗口的"特性"选项组中单击"设置"按钮，在弹出的快捷菜单中选择"从当前选择设置"，即将当前选择的幕墙门图元作为"选择的球体"热点设置范围；修改"半径"为"15m"，即进入距离该图元 15m 范围内热点区域时，将触发该事件；注意修改"事件"选项组中"按键触发"条件后的"操作数"为"OR"，即可按键触发该脚本，也可以热点触发该脚本，如图 9-10 所示。

Step⑬激活"启用脚本"选项。按〈Q〉键，Navisworks 将播放幕墙门开启至关闭动画；使用漫游工具，行走至幕墙门位置时，当进入"Scripter"工具窗口中设置的热点半径范围时，Navisworks 也将自动播放幕墙门开启至关闭的动画。

Step⑭至此完成本操作练习。打开随书资源中的"练习文件\第9章\9-1 完成.nwd"场景文件，查看最终完成结果。

Navisworks 通过脚本中定义的触发事件及该事件执行的操作，来丰富场景的展示。一个脚本可以通过定义多个触发事件作为触发条件，并可定义多个可执行的操作。当脚本中存在多个触发事件时，用

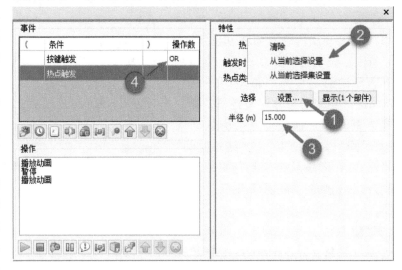

图 9-10

户可以通过定义事件的 AND、OR 关系来决定脚本触发的条件。使用 AND 操作数必须同时满足两个已定义的触发条件，而 OR 操作数则仅需要满足其中任何一个触发条件即可激活脚本中定义的操作。脚本中定义的操作将按照"操作"列表中从上至下的顺序执行。

9.2 触发事件

触发事件是执行脚本的前提。Navisworks 提供了 7 种触发事件，用于定义触发事件的方式。如图 9-11 所示，合理应用各触发事件，同时结合触发条件间的操作数、括号等组合功能，可以使脚本变得更为智能。

在触发事件列表中，条件间加入括号将使括号中的条件优先作为一个成组的触发条件。Navisworks 可以在触发事件中嵌套多组括号，与数学运算类似，最内侧的括号具有最高优先级。注意，在使用括号时必须配对，否则 Navisworks 将给出如图 9-12 所示的错误提示。

图 9-11

图 9-12

各触发事件详细功能及用途见表 9-1。

表 9-1

图 标	名 称	解释及应用
	启动触发	在场景中启用脚本时触发该事件，通常用于显示指定视点位置、载入指定模型等显示准备工作
	计时器触发	在启用脚本后的指定时间内触发该事件，或在启用脚本后的指定周期内重复触发
	按钮触发	通过指定按键在按下、按住或释放时触发事件，可作为机械设备的运转开关
	碰撞触发	在漫游时与指定对象发生碰撞时触发该事件，如通过指定碰撞触发的方式实现开门动画
	热点触发	当视点进入、离开或位于在固定位置或对象指定半径的球体范围内时，触发该事件，通常用于指定开门、关门等动画操作

（续）

图 标	名 称	解释及应用
	变量触发	当变量值满足指定条件时触发该事件。例如，可以设置变量 A 大于 5 时触发该事件。变量为用户定义的任意变量名称，并指定变量与数值之间的大于、等于、小于等逻辑关系。变量触发中的变量通常与操作栏中"设置变量"操作联用
	动画触发	播放指定动画时触发该事件。用户可以设置在指定动画开始或结束时触发事件。它通常用于动画间关联动作，例如，在播放完成第一段漫游动画后，触发播放第二段动画的脚本

Navisworks 中各触发条件均可以在"特性"选项组中设置触发条件。例如，对于变量触发，可以设置变量名称、值及逻辑条件。如图 9-13 所示，设置自定义变量名称为"Fx"，值为"3"，计算条件为"等于"，即当 Fx 的值为 3 时激活该脚本。注意，必须通过其他脚本"事件"选项组中"设置变量"操作，并在该操作中定义变量"Fx"的值，以便于为自定义变更"Fx"值。

读者可以自行尝试其他触发事件的特性定义，限于篇幅，本书不再赘述。

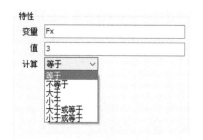

图 9-13

9.3 操作类型

操作类型是脚本被激活后需要执行的动作。Navisworks 共提供 8 种动作，用于控制 Navisworks 中的场景。各动作的名称及功能说明见表 9-2。

表 9-2

图 标	名 称	解释及应用
	播放动画	按从开始到结束或从结束到开始的顺序播放指定的场景动画或动画片段
	停止动画	停止当前动画播放，通常用于停止无限循环播放的场景动画
	显示视点	显示指定的视点，通常用于场景准备时切换至指定视点位置
	暂停	指定当前脚本中执行下一个动作时需要暂停的时间
	发送消息	向指定文本文件中写入消息。如果在每个脚本中均加入该功能，并指定发送当前脚本名称，可以实时跟踪当前场景的脚本执行情况，通常用于脚本测试。注意必须先指定消息输出的位置
	设置变量	在执行脚本时，将指定的自定义变量设置为指定值或按指定条件修改变量值。使用该动作可以改变变量值，当变量值与"变量触发"事件中设置的变量值逻辑符合时，将触发该事件
	存储特性	在自定义变量中存储指定图元的参数值
	载入模型	在当前场景中载入指定的外部模型，通常用于场景转换时加载更多的模型

动作是脚本激活后执行的结果。一个脚本中可以定义多个不同的动作，Navisworks 将按"操作"列表中从上至下的顺序执行脚本中设置的动作。

对于"发送消息"动作，必须指定存储消息的文本位置。如图 9-14 所示，在"选项编辑器"对话框中，展开"工具"列表，选择"动画互动工具"，设置"指向消息文件的路径"为硬盘指定位置及存储文件名称。注意，必须输入存储文件类型扩展名为 txt，以便于在"文本编辑器"对话框中打开和查看输出消息结果。

在"设置变量"操作中，用户可以设置变量名称，该名称允许用户自定义，并设置变量的值以及对

图 9-14

变量值的操作"修饰符",如图 9-15 所示。例如,以增量的方式设置变量的变化,则每次执行该脚本时,Navisworks 将增加该变量的值。在"设置变量"操作中,用户可以设置变量名称与"变量触发"中变量名称相同,当变量值满足"变量触发"中条件时,Navisworks 将触发"变量触发"脚本。

用户可自行尝试其他操作的特性设置及应用,在此不再赘述。

图 9-15

本 章 小 结

本章通过实例介绍 Navisworks 中 Scripter 脚本使用的一般流程,并详细介绍了脚本的触发条件及操作设置。在 Navisworks 中利用脚本可以令当前场景变得更加具有生命力,同时也使得场景浏览更加灵活。

第10章 施工过程模拟

除在 Navisworks 中浏览和查看三维场景数据外，还可以根据施工进度安排，利用 Navisworks 提供的 TimeLiner 模块为场景中每一个选择集中的图元定义施工时间和日期及任务类型等信息，生成具有施工顺序信息的 4D 信息模型，并根据施工时间安排，利用 Navisworks 提供的动画展示工具生成用于展示项目施工场地布置及施工过程的模拟动画。

利用 TimeLiner 模块，可以直接创建施工节点和任务，也可以导入 Project、Excel 等施工进度管理工具生成的进度数据，自动生成施工节点数据。

10.1 理解施工模拟

Navisworks 提供了 TimeLiner 模块，用于在场景中定义施工时间节点周期信息，并根据所定义的施工任务生成施工过程模拟动画。由于三维场景中添加了时间信息，使得场景由 3D 信息升级为 4D 信息，因此施工过程模拟动画又称为 4D 模拟动画。

如图 10-1 所示，单击"常用"选项卡下"工具"面板中的"TimeLiner"，将打开"TimeLiner"工具窗口。

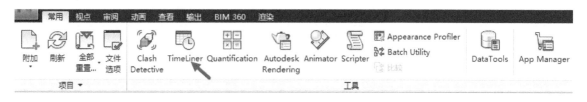

图 10-1

在 Navisworks 中，要定义施工过程模拟动画必须首先制定详细的施工任务。如图 10-2 所示，施工任务用于定义各施工任务的计划开始时间、计划结束时间等信息。在 Navisworks 中，每个任务均可以记录以下几种信息：计划开始及结束时间、该任务的实际开始及结束时间、人工费、材料费等费用信息等。这些信息均将包含在施工任务中，作为 4D 施工动画的信息基础。

已激活	名称	状态	计划开始	计划结束	实际开始	实际结束	任务类型	附着的
☑	01结构柱		2018/11/11	2018/11/12	2018/11/10	2018/11/15	构造	●集合→
☑	02结构柱		2018/11/13	2018/11/12	2018/11/12	2018/11/17	构造	●集合→
☑	03剪力墙		2018/11/21	2018/11/26	2018/11/14	2018/11/19	构造	●集合→
☑	04剪力墙		2018/11/21	2018/11/26	2018/11/16	2018/11/21	构造	●集合→
☑	05剪力墙		2018/11/21	2018/11/26	2018/11/18	2018/11/23	构造	●集合→
☑	06暗柱		2018/11/21	2018/11/26	2018/11/19	2018/11/24	构造	●集合→

图 10-2

Navisworks 允许用户自定义添加或修改施工任务，也可以导入 Microsoft Project、Microsoft Excel、Primavera P6 等常用施工任务管理软件中生成的 mpp、csv 等格式的施工任务数据，并依据这些数据为当前场景自动生成施工任务。

要模拟施工过程，必须将施工任务与场景中的模型图元一一对应。可以根据施工任务情况使用 Navisworks 的选择集功能定义多个选择集并将选择集对应至施工任务中，使这些图元具备时间信息，成为 4D 信息图元。Navisworks 提供了选择集与施工任务实现自动映射的工具，以方便用户实现选择集图元与施工任务间的快速匹配。在本书第 11 章中将详细介绍自动匹配的规则使用方式。

在施工任务中除必须定义时间信息外，还必须指定各施工任务的任务类型。如图 10-3 所示，Navisworks 默认提供了"构造""拆除""临时"三种任务类型。任务类型用于显示不同的施工任务中各模型的显示状态。Navisworks 允许用户自定义各任务类型在施工模拟时的外观表现。例如，可定义"拆除"任务类型，当该任务开始时，使用 90% 红色透明显示；在该任务结束时，隐藏该图元，以表示该任务中场景图元在施工任务结束后被拆除。

图 10-3

Navisworks 通过定义施工任务，设置施工任务的计划开始及完成时间、实际开始及完成时间、施工费用等信息，并将指定的选择集中的图元与施工任务关联；设置施工任务的任务类型，以明确各任务在施工动画模拟中的表现。Navisworks 通过这些设置定义施工 4D 模拟过程所需的全部内容。

Navisworks 中施工过程模拟的核心基础是场景中图元选择集的定义，必须确保每个选择集中的图元均与施工任务要求一一对应，才能得到正确的施工模拟结果。因此，必须结合施工模拟要求及施工任务安排，合理定义模型的创建和拆分规则，并在 Navisworks 中定义合理的选择集，以满足施工任务的要求。

10.2　使用 TimeLiner

在 Navisworks 中，要通过 TimeLiner 定义施工模拟动画，必须创建施工任务，指定任务周期，确定任务对应的选择集以及定义施工任务的任务类型。在理解了 Navisworks 中施工过程模拟的基础知识后，本节将通过实际操作详细介绍 TimeLiner 的使用方法。

10.2.1　定义施工任务

定义施工任务是 Navisworks 中施工模拟的基础。接下来通过练习，介绍 TimeLiner 中定义施工任务的一般步骤。在本练习中，假设每个施工任务均需要 2 天的时间完成。

Step01打开随书资源"练习文件 \ 第 10 章 \ 10-1-1. nwd"场景文件。如图 10-4 所示，该场景中显示了建筑标准层结构模型。

Step02打开"集合"面板。如图 10-5 所示，当前场景中已定义了名称为"01 ~ 10"的选择集。分别单击各选择集名称，注意观察各选择集中包含的图元。在本练习中，每个选择集中的图元将代表每个施工任务要完成的建造内容。

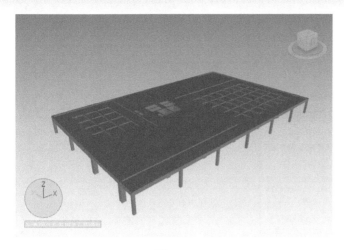

图 10-4   图 10-5

Step03打开"Animator"工具窗口，注意在该任务中已针对选择集"01 结构柱"制定缩放动画，以展示结构柱生长过程。同时，还提供了一个用于模拟场景旋转的相机动画。

Step04单击"常用"选项卡下"工具"面板中的"TimeLiner"，将打开"TimeLiner"工具窗口。如图 10-6所示，确认"TimeLiner"工具窗口当前选项卡为"任务"；单击工具栏中的"列"下拉列表，在列表中选择"基本"选项，注意 TimeLiner 左侧任务空格中各列名称中仅显示"计划开始""计划结束"等"基本"任务信息。

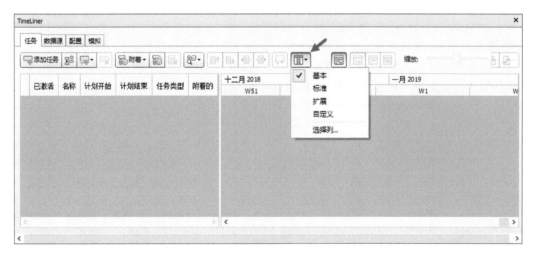

图 10-6

提 示

可单击"列"下拉列表，在列表中选择"标准""扩展""自定义"数据进行数据显示切换。当使用"自定义"时，Navisworks 允许用户在"选择 TimeLiner 列"对话框中指定要显示在任务列表中的信息。

Step05如图 10-7 所示，单击"添加任务"按钮，在左侧任务窗格中添加新施工任务，该施工任务默认名称为"新任务"。单击任务"名称"列单元格，修改"名称"为"01 结构柱"；单击"计划开始"列单元格，在弹出日历中选择"2014 年 11 月 11 日"作为该任务计划开始日期；使用同样的方式修改"计划结束"日期为"2014 年 11 月 12 日"。单击"01 结构柱"施工任务中"任务类型"列单元格，在"任务类型"下拉列表中选择"构造"。

提 示

Navisworks 默认提供了"构造""拆除""临时"三种任务类型。在 TimeLiner 工具窗口的"配置"选项卡中，可自定义任务类型名称。

TimeLiner
任务 数据源 配置 模拟
添加任务
附着
缩放:
已激活 名称 状态 计划开始 计划结束 实际开始 实际结束 任务类型 附
01结构柱 2018/11/11 2018/11/12 不适用 不适用 构造
星期一 11月 12, 2018
PM AM PM
2018年11月
周一 周二 周三 周四 周五 周六 周日
今天: 2018/12/20
1
2
3
4
5

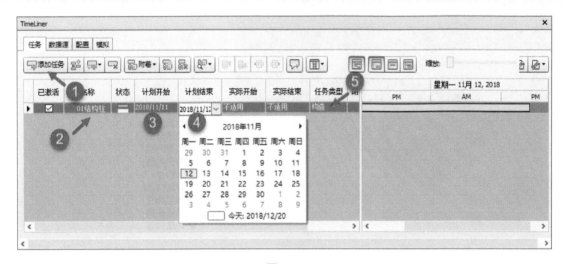

图 10-7

Step06右键单击“01 结构柱”施工任务名称，弹出如图 10-8 所示快捷菜单，在菜单中选择“附着集合”→“01 结构柱”，将 01 结构柱选择集附着给该任务。

提 示

Navisworks 允许用户附着选择集中的图元，也允许用户使用“附加当前选择”的方式将当前场景中选择的图元附着给施工任务。任何时候单击“清除附加对象”选项，都可清除已附加至任务中的选择集或图元。

Step07重复第 4）、5）操作步骤，在 TimeLiner 中添加与选择集名称相同的施工任务，各任务计划开始时间为前一任务结束后的第 2 天；计划结束时间距离该任务开始时间为 2 天。分别附着相应的选择集图元，设置所有的“任务类型”均为“构造”，如图 10-9 所示。

上移
下移
降级
升级
附着当前选择
附着当前搜索
附着集合
附加当前选择
清除附加对象
添加注释
日期
插入任务
删除任务
自动添加任务
导出为选择集
查找
01结构柱
02结构柱
03剪力墙
04剪力墙
05剪力墙
06暗柱
07结构梁
08结构板
09结构梁
10结构板
起重臂
塔吊

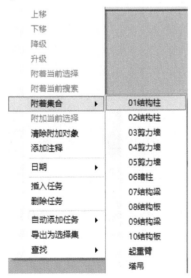

图 10-8

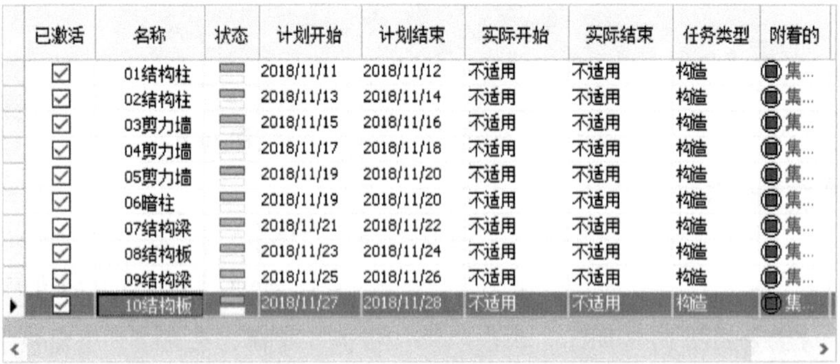

已激活 名称 状态 计划开始 计划结束 实际开始 实际结束 任务类型 附着的
01结构柱 2018/11/11 2018/11/12 不适用 不适用 构造 集...
02结构柱 2018/11/13 2018/11/14 不适用 不适用 构造 集...
03剪力墙 2018/11/15 2018/11/16 不适用 不适用 构造 集...
04剪力墙 2018/11/17 2018/11/18 不适用 不适用 构造 集...
05剪力墙 2018/11/19 2018/11/20 不适用 不适用 构造 集...
06暗柱 2018/11/19 2018/11/20 不适用 不适用 构造 集...
07结构梁 2018/11/21 2018/11/22 不适用 不适用 构造 集...
08结构板 2018/11/23 2018/11/24 不适用 不适用 构造 集...
09结构梁 2018/11/25 2018/11/26 不适用 不适用 构造 集...
10结构板 2018/11/27 2018/11/28 不适用 不适用 构造 集...

图 10-9

Step08如图 10-10 所示，激活工具栏中的“显示或隐藏甘特图”按钮，确认当前甘特图内容为“显示计划日期”，Navisworks 将在“TimeLiner”工具窗口中显示当前施工计划的计划工期甘特图，用于以甘特图的方式查看各任务的前后关系。移动鼠标至各任务时间甘特图位置，Navisworks 将显示该甘特图时间线对应的任务名称以及开始、结束时间。按住并左右拖动鼠标将修改任务时间线，可动态修改当前任务的时间。修改任务甘特图将同时修改施工任务栏中该任务的计划开始和计划结束日期。

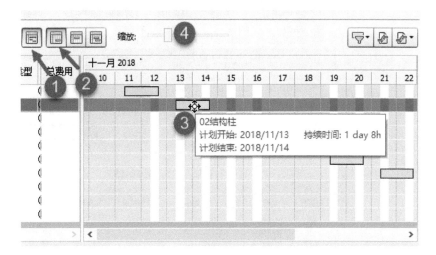

图 10-10

◄》提示

在 "TimeLiner" 工具窗口的甘特图视图中，可显示施工任务的计划时间、实际时间，即同时显示计划及实际时间。可在施工任务的"实际开始"和"实际结束"数据列中输入各任务的实际开始及结束时间。可通过拖动"缩放"滑块对甘特图显示日期范围进行缩放。

Step09 如图 10-11 所示，移动鼠标至任务结束时间位置，鼠标指针显示为 ⊩，按住并拖动鼠标将修改任务的结束时间；移动鼠标至各任务起初位置，鼠标指针显示为 ⤶，按住并拖动鼠标将修改当前任务的完成百分比。Navisworks 将使用暗灰色显示任务完成的百分比，用于记录任务的完成情况。

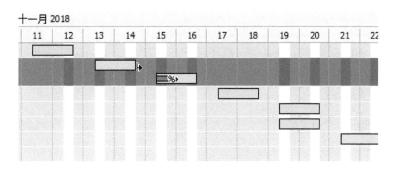

图 10-11

◄》提示

修改任务完成百分比后，移动至暗灰色任务完成百分比甘特图位置可再次修改任务完成状态百分比。

Step10 单击工具栏中的"列"下拉列表，在列表中选择"选择列"选项，弹出"选择 TimeLiner 列"对话框。如图 10-12 所示，在 TimeLiner 数据列名称列表中勾选"数据提供进度百分比"复选框，单击"确定"按钮退出"选择 TimeLiner 列"对话框。

Step11 注意，在施工任务列表中将出现"数据提供进度百分比" ▭ 标题。如图 10-13 所示，在该列中将显示各任务的完成百分比数值。修改数值将影响甘特图中任务完成百分比显示。

Step12 修改"01 结构柱"施工任务的"实际开始"和"实际结束"日期为"2014-11-10"至"2014-11-15"，即早于计划开始日期开始，晚于计划结束日期结束。注意 Navisworks 将在任务"状态"中标记该任务为" ▭ "，即早于计划开始日期开始，晚于计划结束日期结束。使用类似的方式参照如图 10-14 所示日期，修改其他任务，注意观察任务状态的变化。注意，任务实际开始时间早于计划开始日期的将以蓝色显示任务状态；实际结束日期晚于计划结束日期的任务将以红色表示；而处在计划日期内的将以绿色状态表示。

图 10-12

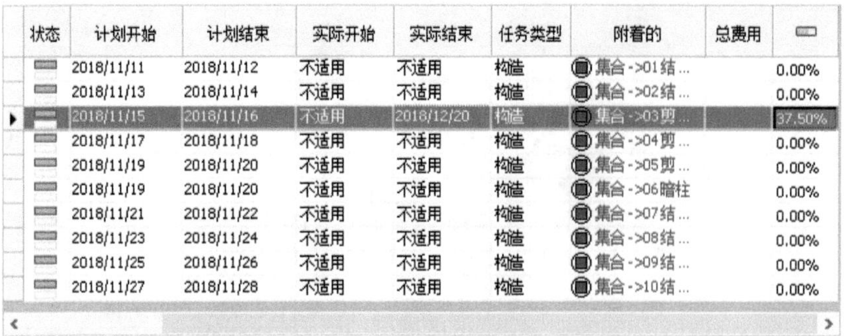

图 10-13

图 10-14

修改"实际开始"及"实际结束"不会修改任务完成百分比。

Step⑬单击选择"06 暗柱"施工任务。如图 10-15 所示,单击工具栏中的"降级"工具按钮,所选择任务将作为其前置任务"05 剪力墙"任务的一级子任务。同时"05 剪力墙"任务前出现折叠符号"⊟",单击该符号可在任务列表中隐藏该任务包含的所有子任务;同时任务前折叠符号变为展开符号"⊞",单击展开符号可展开显示子任务。

图 10-15

Navisworks 将高亮显示包含子任务的任务名称。

Step⑭选择"07 结构梁"施工任务。单击工具栏中的"降级"工具按钮,该任务将成为"05 剪力墙"一级子任务;再次单击"降级"工具按钮,该任务将降级为一级子任务"06 暗柱"的子任务,成为"05

剪力墙"任务的二级子任务。如图 10-16 所示，单击工具栏中的"升级"工具按钮两次，提升该任务至主任务级别。

图 10-16

Step⑮单击工具栏中的"列"下拉列表，在列表中选择"扩展"选项，注意 TimeLiner 任务数据列表将显示"脚本""动画"等数据列名称。如图 10-17 所示，单击"01 结构柱"施工任务"动画"单元格，在列表中选择"结构柱 \ 01 结构柱"动画；确认"动画行为"为"缩放"，即 Navisworks 将缩放 Animator 中已定义的动画时间长度，以适应当前任务在施工模拟显示时的播放时间。

图 10-17

◀)) 提 示

　　在 TimeLiner 中可设置"动画行为"方式为"缩放""匹配开始"及"匹配结束"。"缩放"将自动缩放 Animator 动画时间以适应当前任务在施工模拟动画中的显示时间；而"匹配开始"和"匹配结束"将根据当前任务在施工模拟动画的开始或结束时间与 Animator 动画的开始或结束时间进行匹配。

Step⑯至此，完成施工任务设置。切换至"TimeLiner"工具窗口中的"模拟"选项卡，Navisworks 将自动根据施工任务设置显示当前场景。如图 10-18 所示，单击"播放"按钮在当前场景中预览施工任务进展情况。注意，当任务开始时，Navisworks 将以半透明绿色显示该任务中的图元，而在任务结束时将以模型颜色显示任务图元。在模拟显示"01 结构柱"任务时，还将播放结构柱缩放动画以表示结构柱从无到有的变化过程。

Step⑰至此，完成本练习。保存该文件，或打开随书资源"10-1-1 完成 . nwd"文件查看施工任务设置完成情况。

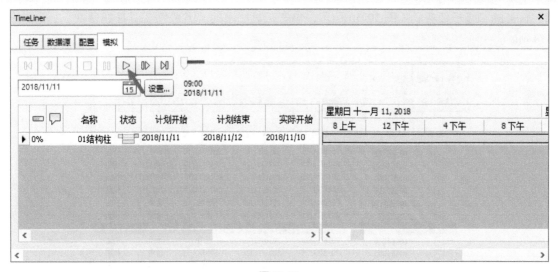

图 10-18

在 Navisworks 中，任务降级时将自动成为其前置任务的一级子任务。注意，当主施工任务中包含子任务时，主施工任务的时间周期将由所有子任务的时间周期决定。Navisworks 不允许用户直接修改主任务的开始及结束时间。同时 Navisworks 将在甘特图中显示主任务的构成情况，如图 10-19 所示。

在定义施工任务时，可通过单击工具栏中的"上移"或"下移"按钮，调整施工任务的先后顺序。"上移"或"下移"按钮通常用于调整任务前后顺序以定义主任务与子任务间的关系。注意，在模拟任务时，仅与任务定义的开始及结束时间有关，而与任务定义的先后顺序无关。

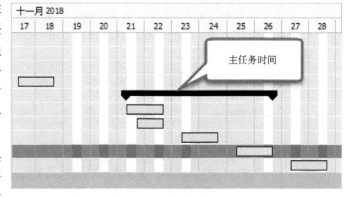

图 10-19

如图 10-20 所示，在"TimeLiner"工具窗口的"任务"选项卡中，还可以通过单击工具栏中的"添加注释"按钮打开"添加注释"对话框，用于对施工任务添加注释。例如，记录施工延误的原因等。"添加注释"操作与本书第 5 章中介绍的添加注释信息过程相同，在此不再赘述。

除定义计划和实际开始及结束时间外，Navisworks 还允许用户在 TimeLiner 中定义各任务的材料费、人工费、机械费、分包商费用，如图 10-21 所示。Navisworks 会自动根据上述费用计算该任务的总费用信息，实现对施工任务的初步信息管理。

图 10-20

图 10-21

在 TimeLiner 中，可以为各施工任务关联脚本和动画，以便于在施工模拟显示过程中显示各任务的同时，触发脚本或播放动画，得到更加生动逼真的施工动画展示。例如，可以对结构柱施工任务中关联该选择集图元对应的 Z 轴缩放动画，在模拟显示该任务时将以生长动画的方式显示该任务。

在 TimeLiner 中，除使用本节介绍的手动指定施工任务外，还可以使用"数据源"选项卡中的"添加"按钮导入 Excel、Project、Primavera P6 等项目管理工具生成的任务数据，如图 10-22 所示。TimeLiner 可根据任务管理数据自动创建对应的施工任务列表，还可以利用 TimeLiner 的自动匹配规则为自动创建的每个任务匹配当前场景中的图元。

TimeLiner 中所有任务信息属性均可通过外部数据定义，并可随外部数据的变化而更新，以达到数据实时集成更新的目的。注意，要使用自动匹配规则，必须确保当前场景中的图元相关信息规则与外部数据中对应的信息规则一致。在本书第 11 章中将详细介绍如何利用自动匹配规则链接外部施工任务管理数据，请读者查阅相关章节内容。

图 10-22

10.2.2 施工任务类型

在定义施工任务时，必须为每个施工任务指定任务类型。在 TimeLiner 中，任务类型决定该任务在施工模拟展示时图元显示的方式及状态。

在上一节练习中，已定义每个施工任务的任务类型为"构造"。该状态为在任务开始时显示为半透明绿色，而在任务结束时显示为模型颜色。接下来，将自定义"构造"任务类型的显示状态，以调整图元在施工模拟中的表现。

Step01 接上节练习，或打开随书资源"练习文件 \ 第 10 章 \ 10-1-1 完成 .nwd"场景文件。打开"TimeLiner"工具窗口，切换至"配置"选项卡。如图 10-23 所示，在"配置"列表中列举了当前场景中

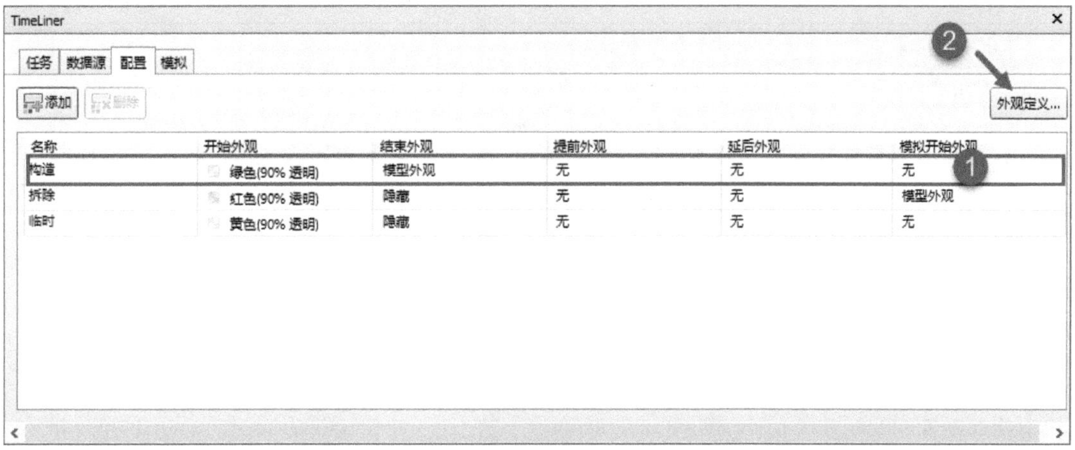

TimeLiner

任务 数据源 配置 模拟

添加 删除
外观定义...

名称	开始外观	结束外观	提前外观	延后外观	模拟开始外观
构造	绿色(90% 透明)	模型外观	无	无	无
拆除	红色(90% 透明)	隐藏	无	无	模型外观
临时	黄色(90% 透明)	隐藏	无	无	无

图 10-23

可用的任务类型，包括"构造""拆除"和"临时"三种类型。任务类型"构造"在任务开始时"开始外观"显示为"绿色（90%透明）"；而在任务完成后外观显示为"模型外观"。单击"外观定义"按钮，弹出"外观定义"对话框。

Step02 如图 10-24 所示，在外观定义列表中显示了白色、灰色等 10 种场景默认外观样式。可分别修改各外观的名称、颜色及透明度等参数。单击"添加"按钮，在列表中新建自定义外观，修改该外观名称为"蓝色"；双击"颜色"色标，在弹出的"颜色"选择对话框中，选择"蓝色"图标，单击"确定"按钮退出"颜色"选择对话框；确认"蓝色"外观透明度为 0%，即不透明。保持其他设置不变，完成后单击"确定"按钮退出"外观定义"对话框。

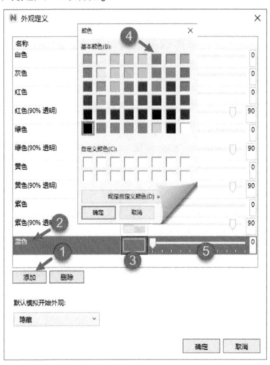

图 10-24

◀))提 示

拖动透明度滑块或直接在滑块后数值对话框中输入数值，可以修改外观透明度。

Step03 单击"构造"任务类型"提前外观"下拉列表，注意上一步中定义的"蓝色"外观已显示在列表中，如图 10-25 所示。选择"蓝色"作为"提前外观"样式；使用类似的方式分别设置"开始外观""结束外观"和"延后外观"为黄色、灰色和红色。

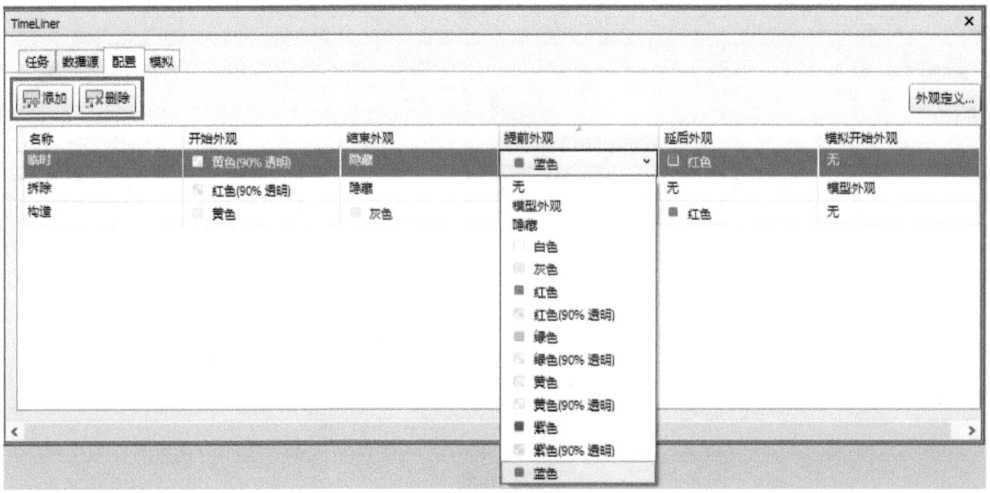

图 10-25

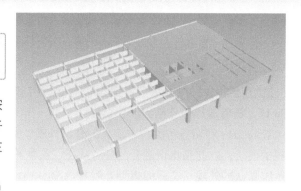

提示

单击工具栏中的"添加"或"删除"按钮，可在场景中添加新任务类型或删除已有任务类型。

Step04切换至"模拟"选项卡，单击"播放"按钮在视图中预览显示施工进程模拟。注意，在任务开始时，任务对应选择集图元颜色已修改为黄色，而在任务结束时，将显示为灰色，如图 10-26 所示。

Step05如图 10-27 所示，在"模拟"选项卡中单击"设置"按钮，打开"模拟设置"对话框。

图 10-26

图 10-27

Step06如图 10-28 所示，在"模拟设置"对话框中修改"视图"显示方式为"计划与实际"，单击"确定"按钮退出"模拟设置"对话框。即 Navisworks 将根据任务实际的开始与结束时间与计划的开始与结束时间分析任务提前或延后，并对场景中任务图元应用提前外观或延后外观显示施工动画模拟过程。

Step07单击"播放"按钮，在视图中预览显示施工进程模拟。如图 10-29 所示，注意，在任务开始时，由于"01 结构柱"施工任务实际开始日期先于计划开始日期，因此 Navisworks 将显示本操作第 3）步骤中定义的"提前外观"蓝色；而"01 结构柱"任务的实际完成日期晚于计划结束日期，因此将显示"延后外观"红色。对于实际时间处于计划时间内的任务，将显示为"开始外观"定义的黄色。

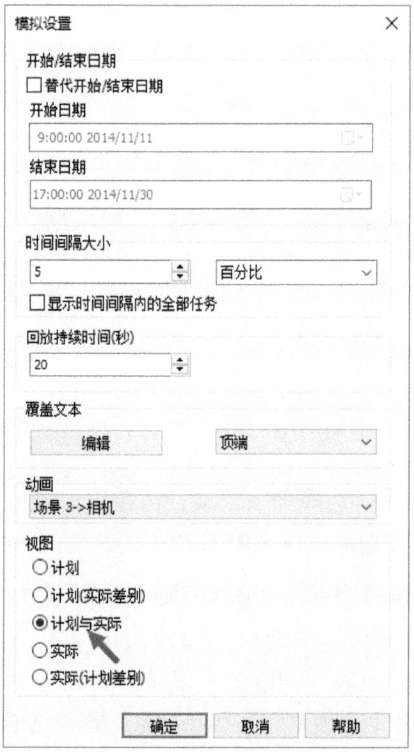

图 10-28

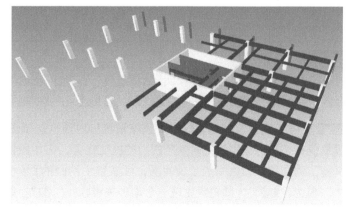

图 10-29

◀) 提 示

　　对于未定义实际开始与实际结束的任务，Navisworks 认为该任务为"未决定的"，将采用"延后外观"显示该任务图元。

　　Step08至此，完成施工任务类型设置。保存该文件，或打开随书资源"练习文件 \ 第 10 章 \ 10-1-2.nwd"，查看最终操作结果。

　　TimeLiner 利用任务类型中定义的开始外观、结束外观、提前外观和延后外观来控制施工模拟时图元外观的显示，以此来标识图元的任务状态。除外观定义中定义的颜色和透明度外，Navisworks 还提供了两种系统默认的外观状态，即模型外观和隐藏。模型外观将使用模型自身的材质中定义的颜色状态，而隐藏则在视图中隐藏图元。隐藏状态通常用于施工机械、模板等任务结束后即消失的任务图元。读者可自行尝试这两种图元状态的显示情况，在此不再赘述。

10.2.3　施工动画模拟

　　完成施工任务设置及任务类型配置之后，可随时通过 TimeLiner 的"模拟"选项卡对施工任务进行模拟，Navisworks 将以 4D 动画的方式显示各施工任务对应的图元先后施工关系。在前述两节操作中已使用动画预览功能对施工模拟动画在场景中进行预览。

　　Navisworks 允许用户设置施工动画的显示内容、模拟时长、信息显示等信息。接下来通过练习说明控制 TimeLiner 施工动画的详细步骤。

　　Step01接上节练习，或打开随书资源"练习文件 \ 第 10 章 \ 8-2-2.nwd"场景文件。打开 TimeLiner 工具窗口，切换至"模拟"选项卡。单击"播放"按钮，在当前场景中预览当前施工动画。

　　Step02如图 10-30 所示，单击工具栏中的"日历" 🗓 图标，在日历中选择"2018 年 11 月 13 日"，Navisworks将在 TimeLiner 中显示当天的施工任务名称、状态及计划开始、结束时间等信息及对应的甘特图情况，同时施工动画滑块将移动至该日期对应的时间位置，并在场景中显示该日期的施工状态。

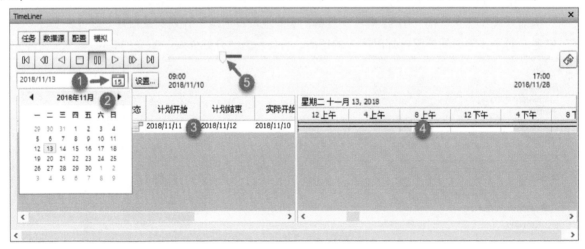

图 10-30

◀) 提 示

　　在左侧施工任务窗口标题中单击鼠标右键，在弹出列表中选择"选择列"选项，将弹出"模拟列选择器"对话框，可在该对话框中勾选和调整施工任务栏中显示的信息内容及顺序。

　　Step03单击"设置"按钮，打开"模拟设置"对话框。如图 10-31 所示，"替代开始/结束日期"选项用于设置仅在模拟时模拟指定时间范围内的施工任务，在本操作中不勾选该选项；"时间间隔大小"值用于定义施工动画每一帧之间的步长间隔，可按整个动画的百分比以及时间间隔进行设置；修改"时间间隔大小"值为"1 天"，即每天生成一个动画关键帧；"回放持续时间（秒）"选项用于定义播放完成当前场景中所有已定义的施工任务所需要的动画时间总长度，修改该值为"30s"，即施工模拟的动画总时长为 30s。单击"确定"按钮退出"模拟设置"对话框。

🔊 提 示

　　勾选"显示时间间隔内的全部任务"选项，则将在任务列表中显示该时间间隔范围内所有开始、
结束及正在进行的任务名称，并将所有显示的任务应用"任务开始"外观。否则将只显示在该时间间
隔内正在进行的任务名称。

Step 04 单击"播放"按钮预览施工模拟动画，注意，此时 Navisworks 将以 1 天为单位显示场景中每一
帧。注意，左上角施工信息文字显示了当前任务的时间信息内容。

Step 05 再次打开"模拟设置"对话框。如图 10-32 所示，单击"覆盖文本"设置栏中的"编辑"按钮，
打开"覆盖文本"对话框。移动光标至文本末尾，单击"其他"按钮，在弹出列表中选择"当前活动任
务"，Navisworks 将自动添加"＄TASKS"字段。完成后单击"确定"按钮退出"覆盖文本"对话框。再次
单击"确定"按钮退出"模拟设置"对话框。

图 10-31

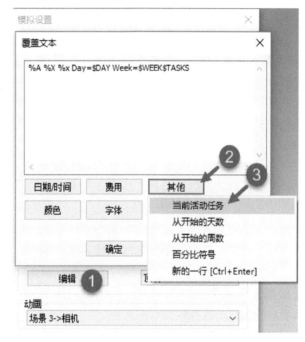

图 10-32

Step 06 再次单击动画播放工具，注意文字信息中将包含当前任务名称信息。

Step 07 再次打开"模拟设置"对话框。如图 10-33 所示，单击"动画"设置栏中的下拉列表，在列表
中选择"相机视点→场景旋转"，如图 10-34 所示，该动画为使用 Animator 功能制作的相机动画。完成后
单击"确定"按钮退出"模拟设置"对话框。

图 10-33

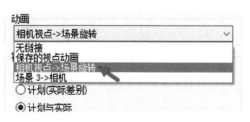

图 10-34

仅保存的视点动画或使用 Animtor 制作的相机动画才可以链接在施工模拟设置中。

Step08再次使用播放工具预览当前施工任务模拟，注意，Navisworks 在显示施工任务的同时将播放旋转动画，实现场景旋转展示。

Step09如图 10-35 所示，单击"导出"按钮，打开"导出动画"对话框。

图 10-35

Step10如图 10-36 所示，在"导出动画"对话框中设置导出动画"源"为"TimeLiner 模拟"，其他参数与本书前述章节中所述动画导出设置相同，在此不再赘述。建议导出为 jpeg 格式图片序列，再使用 Primer 等后期制作工具将图片序列生成施工模拟动画电影。本操作中单击"取消"按钮取消导出动画操作。

Step11至此完成本操作，关闭当前场景，不保存对场景的修改。

每个施工动画仅可关联一个相机动画。如果需要在施工模拟中关联多个相机动画，可以根据需要使用"替代开始/结束日期"的方式，分别针对每一时间段内的施工任务关联指定的相机动画，并分别导出每一段施工动画，最终再使用后期编辑工具合成完整的施工动画。

使用动画工具可以对施工动画模拟输出进行控制与调整，使得施工展示更加灵活。除本节练习中介绍的内容外，读者可结合上一节中介绍的"视图"设置，设置模拟施工任务的计划时间、实际时间等过程。请读者自行尝试不同参数组合的区别。

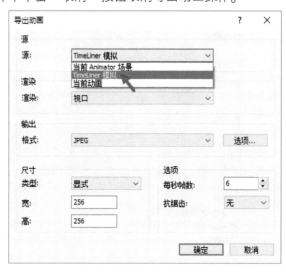

图 10-36

注意，在施工动画模拟过程中，在夜晚等非工作时段，Navisworks 将不显示施工任务，表示该时间内无施工任务安排。Navisworks 允许用户自定义工作时间，如图 10-37 所示，在"选项编辑器"对话框中展开"工具→TimeLiner"设置选项，可在右侧设置面板中设置工作日开始和工作日结束的时间，并允许用户指定 TimeLiner 任务中日期的显示方式。勾选"显示时间"选项，还将在任务中显示任务开始的具体时间，例如，"2018 年 11 月 10日 15：30"，以更加精确地记录任务情况。

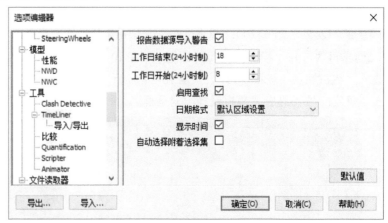

图 10-37

在 TimeLiner 的 "导入/导出" 设置中可对导入外部 csv 数据及 xml 数据时的编码进行设置，如图 10-38 所示。

10.2.4 施工模拟综述

在 Naviworks 中，使用 TimeLiner 模块，结合 Animator 动画模块，可以制作复杂的、真实的施工过程模拟。在制作施工动画前，需要根据施工方案对施工模拟进行系统的规划。施工模拟规划包括模型深化规划、选择集规划、设备及视点动画规划和施工任务类型规划。其中除模型深化规划外，其余工作需要在 Navisworks 中完成。

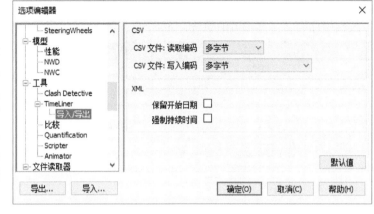

图 10-38

模型深化规划是指对需要完成施工模拟的主体模型根据施工分区进行合理拆分，根据施工的需要在各标高中添加指定的施工措施模型，例如脚手架、施工机械等模型，同时对各分区、各机械设备进行合理的命名，以便于后期在 Navisworks 中构建选择集。通常，会在 Revit 软件中根据施工的顺序和精细程度对 BIM 模型的楼板、墙进行拆分和细分，同时在模型中添加施工措施模型。

图 10-39 所示为某项目根据施工方案要求，在 Revit 中对地下室底板根据施工区域划分完成对地下室的每一层的进行施工区域拆分，同时根据施工方案的要求，添加塔式起重机、挖掘机等施工设备模型，最后将每个区域的模型单独保存为独立的文件，最终再将所有拆分后的文件整合至 Navisworks 中。

选择集规划是指根据施工模拟展示的需要，结合施工组织方案以及拆分后的 BIM 模型，为各项施工任务创建选择集，以满足图元与施工任务匹配的需求。图 10-40 所示为在 Navisworks 根据各楼层、楼栋和专业创建的选择集。

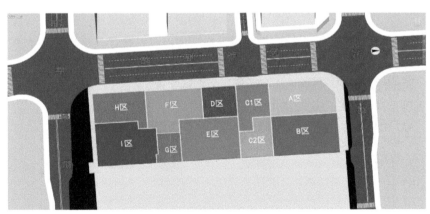

图 10-39

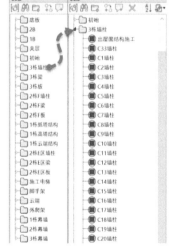

图 10-40

完成选择集后，需要重新定义施工进度文件，一般来说，重新定义施工进度文件的各项施工计划文件。可以利用 Excel 或 Project 等来定义施工的计划，一般来说用于施工模拟的施工计划中包含项任务名称、计划开始与计划结束的时间以及施工任务类型这三项关键信息。如果需要实现施工进度的追踪，还可以定义任务的实际开始与实际结束日期，以便于后期根据现场的实际进度情况修改施工计划文件。一般来说施工计划文件中的任务名称应与选择集的名称一致，以方便在 Navisworks 中实现施工任务与图元的自动匹配。如果项目或企业中已经有完善的 BIM 选择集与施工计划的命名规范和标准，可以在项目开始之初就将它们按相同的管理标准进行命名，只有做到这样，才能实现项目的标准化信息管理。

图 10-41 所示为在 Project 中重新定义的施工计划，注意所有的任务名称都已经采用选择集的方式重新命名，并为每一个构件指定了 "任务类型"。注意，Navisworks 并不是用于替代 Project 等专业项目管理工具的软件，它是把关键的施工节点进行模拟的工具。在当前阶段，请放弃试图由 Navisworks 模拟和记录施工过程中所有任务和细节的想法，除非你具备一个非常完善的 BIM 模型体系和信息体系。

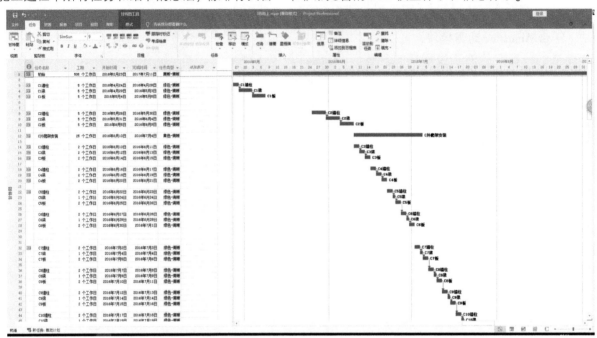

图 10-41

设备及视点动画规划是为了进一步丰富施工模拟的场景和效果。使用本书第 8 章中介绍的 Animator 模块可以完成场景中所有的动画。动画规划的最复杂的部分在于对于塔式起重机、施工电梯等需要根据进度的设定，评估每个动画的长度，以方便在施工模拟时能够正确匹配施工的进度。例如，施工电梯在不断升高的过程中，不能超过主体结构的施工进度，这是 Navisworks 在进行施工模拟时的一个难点。图 10-42 所示为已定义的各类动画。

🔊 提示

　　施工电梯、塔式起重机等设备桁架需要随进度生长，可以将设备桁架设置为最终高度，使用生成移动动画的方式，在动画开始时将设备的主体桁架移动至地坪之下，再根据进度要求不断沿 Z 轴进行移动。在项目中通过场地等图元将地坪之下的桁架隐藏以满足施工模拟的要求。

　　施工任务类型定义需要根据施工计划文件中任务类型命名，并指定每种任务类型的显示方式，以满足最终表达的效果。根据施工展示的要求，通过定义不同的颜色来代表不同的施工区域和状态。

图 10-42

图 10-43

■) 提示

> 如果需要展示和记录施工过程中的工序，例如：支模板、绑钢筋、浇筑混凝土、拆模等关键工序，可以通过定义不同的任务类型，并指定不同的颜色方案的方式来进行展示，而不是细化模板、钢筋等模型。

完成上述设置之后，使用 TimeLiner 模块中的"数据源"，导入已定义的施工计划文件，并利用施工计划文件创建施工任务，再自动将任务与选择集进行匹配即可完成施工任务的定义。同时，在"动画"中为各任务指定动画集，并设置动画的"表现"为"缩放"，即可完成施工动画的定义，结果如图 10-44 所示。在本书第 11 章中介绍了如何通过导入外部数据文件的方式自动生成施工任务，并自动匹配相关选择集。

图 10-44

如图 10-45 所示，为施工模拟中各关键帧的情况。通过合理细分 BIM 模型，可以让施工模拟更真实，做到 BIM 指导施工现场。

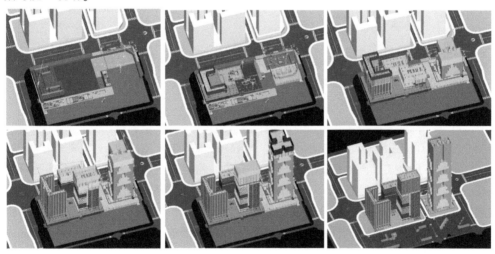

图 10-45

10.3 使用 Revit 部件

在制作施工模拟动画时，可能需要对施工细节进行展示。例如，模拟室内精装修时，需要模拟地砖的铺装顺序。在导入 Revit 创建的场景模型时，可以使用 Revit "修改"选项卡下"创建"面板中的"创建零件"功能对图元进行细分，如图 10-46 所示，而不需要创建多个细部模型。Navisworks 支持在 Revit 中创建的零件。在 Navisworks 中，零件将作为独立对象图元，可对导入的各零件或部件赋予施工任务。

图 10-46

图 10-47

如图 10-47 所示，为在 Revit 中使用部件及零件功能创建的墙装饰嵌板安装模型。该模型使用 Revit 墙

体创建基础模型，并使用零件功能对墙各功能层进行划分，同时利用零件的分割功能进行了网格划分，并指定了各零件的分割轮廓，形成独立的零件单体。

要将已启用零件的模型导入至 Navisworks，必须在如图 10-48 所示 Navisworks "选项编辑器" 对话框的 "文件读取器" 中设置导入 Revit 图元时启用 "转换结构件" 选项。

模型导入 Navisworks 后，Navisworks 将保留该零件的所有特征。如图 10-49 所示，Navisworks 将识别该零件图元为 "零件"，可与其他图元一样对每个分割的零件进行选择及在 TimeLiner 中定义施工任务，以达到模拟施工细节的目的。

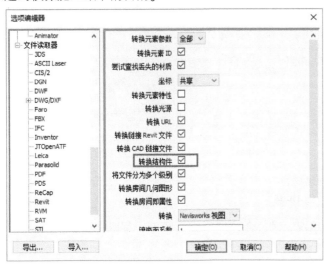

图 10-48

图 10-49

关于 Revit 中零件的使用，读者可参考 Revit 使用手册或编者所编写的《Revit 建筑设计思维课堂》中相关章节，在此不再赘述。

本 章 小 节

本章详细介绍了 4D 施工模拟动画的使用方法。Navisworks 提供了 TimeLiner 模块，用于定义和展示施工过程。施工任务是定义施工动画的基础，在施工任务中，需定义任务名称、计划或实际开始及结束时间、任务类型、关联场景图元等信息，Navisworks 允许用户手动指定施工任务信息，也可以导入 Excel 等其他任务管理工具定义的任务信息。而任务类型则用于定义动画模拟时图元的显示状态，并结合使用模拟设置将施工任务以动态直观的方式模拟展示。在定义施工动画的过程中，可以结合 Animator 定义的对象动画及相机动画，以实现更加丰富的场景体验。Navisworks 可以识别 Revit 中创建的零件，以便于模拟施工细节。

第 **3** 篇

Navisworks管理体系

本篇共 4 章，包括第 11 章、第 12 章、第 13 章和第 14 章。 介绍如何规范化 BIM 的信息规则，实现 BIM 的自动化管理，同时利用 Navisworks 的多元信息整合功能，完成工程层面信息的整合管理，理解 BIM 管理中信息规则的作用。

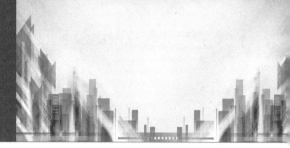

第11章 数据整合管理

Navisworks 是 BIM 数据与信息整合和管理的平台工具。除前述章节中介绍的模型整合查询外，还可以在 Navisworks 中整合照片、表格、文档、超链接等多种不同格式的数据。通过整合不同类型的数据，形成更加完整的工程信息管理数据平台。例如，可以在 Navisworks 中整合施工现场照片，形成完整的施工现场过程记录；也可以在 Navisworks 场景中的机电设备添加实景照片、性能参数等信息数据，形成运营维护数据库。

11.1 链接外部数据

Navisworks 提供了链接工具，用于将外部图片、文本、超链接等数据文件链接至当前场景中，并与场景中指定的图元进行关联，起到对该图元进行说明和信息整合的作用。在 Navisworks 中，必须针对指定的图元添加外部数据链接。

接下来，以施工过程中施工现场信息数据为例，说明在 Navisworks 中启用链接的一般过程。

Step01 打开随书资源"练习文件\第11章\11-1.nwd"数据文件。切换至"7F 施工视图"视点位置，该视点显示了办公楼项目局部结构模型。

Step02 使用选择工具，确认当前选取精度为"最高层级的对象"；单击选择场景中红圈位置结构柱图元。Navisworks 将自动显示"项目工具"上下文选项卡。

Step03 切换至"项目工具"上下文选项卡。如图 11-1 所示，单击"链接"面板中的"添加链接"工具，打开"添加链接"对话框。

图 11-1

🔊 **提示**

> 也可以在选择图元后单击鼠标右键，在弹出的快捷菜单中选择"链接→添加链接"选项，打开"添加链接"对话框。

Step04 如图 11-2 所示，在"添加链接"对话框中，输入本次链接数据的"名称"为"施工现场照片"，即当前添加链接将记录该图元施工现场照片。

Step05 单击"链接到文件或 URL（T）"栏中的"浏览"按钮 ⋯，弹出"选择链接"对话框。如图 11-3 所示，设置"文件类型"为"图像"格式；浏览随书资源"练习文件\第11章\外部数据"文件夹，选择"柱施工照片.jpg"图片文件。单击"打开"按钮，返回"添加链接"对话框。

图 11-2

图 11-3

Step06 在"添加链接"对话框中设置链接的"类别"为"标签";单击"连接点"中的"添加"按钮,进入链接添加模式,如图 11-4 所示。鼠标指针变为 ✣ ,用于指定链接符号放置位置。

Step07 移动鼠标指针至所选择结构柱上任意一点,单击放置连接点。注意,放置成功后,"添加链接"对话框中的"连接点"将修改为"1",即已经为当前图元添加了一个连接点。单击"确定"按钮退出"添加链接"对话框。

图 11-4　　　　　　　　　图 11-5

Step08 确认结构柱仍处于选择状态。继续使用"添加链接"工具。如图 11-5 所示,在"添加链接"对话框中修改"名称"为"施工单位信息";输入该施工单位的网站为"http://www.bimcc.com/";设置"类别"为"超链接";单击"添加"按钮,在所选择结构柱任意位置单击添加新连接点,注意,"连接点"数量自动修改为"2"。单击"确定"按钮,退出"添加链接"对话框。

图 11-6

Step09 如图 11-6 所示,单击"常用"选项卡下"显示"面板中的"链接"工具,将在当前场景视图中显示所有已添加的链接。

Step10 如图 11-7 所示,在当前视图中,将显示所有已添加的链接符号。单击"施工现场照片"标签,Navisworks 将直接调用 Winodws 默认照片查看器查看工程现场照片;单击超链接符号,将使用系统默认的浏览器打开施工单位相关信息网站。

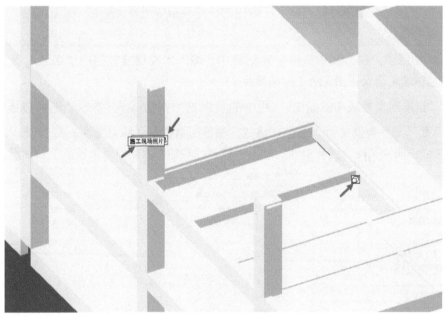

图 11-7

Step⑪选择第2）步骤中选择的结构柱图元。单击"项目工具"上下文选项卡下"链接"面板中的"编辑链接"工具，弹出"编辑链接"对话框。如图11-8所示，可以查看当前图元中所有已添加的链接信息，并可以使用添加、编辑、删除工具为当前图元添加新链接、编辑已有链接或删除已添加的链接。在本操作中不对链接做任何修改，单击"确定"按钮退出"编辑链接"对话框。

Step⑫ 保持结构柱处于选择状态。单击"项目工具"上下文选项卡下"链接"面板中的"重置链接"工具，清除所有为当前图元定义的链接。

Step⑬至此完成链接操作。关闭当前场景，不保存对场景的修改。

使用链接工具，可以为Navisworks场景中任意图元添加外部照片、网页链接、音频、视频、PDF文档等多种外部数据信息。使用这种方式，可以无限拓展BIM的信息形式。使Navisworks具备了成为BIM数据信息管理平台的能力。

图11-8

在Navisworks中，定义的链接数据具有两种不同的形式：超链接和标签。使用超链接形式可将定义的连接点显示为链接图标；而使用标签的方式，则将显示为带有名称的标签。不论何种形式，单击超链接图标或标签时，都将打开链接的外部数据内容。

当对于同一个位置图元定义多个超链接时，默认仅将显示第1个放置的超链接图标。可以在"编辑链接"对话框中设置默认的链接信息，并通过"上移"或"下移"按钮修改各链接符号的前后顺序。

除本节操作中自定义的超链接和标签外，Navisworks还将显示系统自动生成的链接标记，包括视点、Clash Detective、TimeLiner、选择集合和红线批注标记。Navisworks使用不同的图标来代表不同的功能。不同类型图标的功能见表11-1。

表11-1

图 标	功 能	生 成 方 式
	视点位置	在视点位置自动生成
	图像链接	手动添加图像链接
	文件链接	手动添加文件链接
	注释链接	自动添加注释
	碰撞位置	Clash detective 为冲突构件自动添加
	网页链接	手动添加 Web 链接
	选择集合	包含在选择集中的图元自动生成
	TimeLiner	TimeLiner 中添加时间节点的图元自动生成

如果场景中包含的链接数量过多，可通过Navisworks"选项编辑器"对话框对链接显示进行设置。如图11-9所示，在"选项编辑器"对话框的"链接"设置中，可以对当前场景中链接显示进行控制。"显示链接"选项的功能与"常用"选项卡下"显示"面板中的"链接"功能相同。勾选"三维"选项，链接图标将以三维的形式显示在场景空间中，其他图元对象可能会遮挡以三维形式显示的链接图标。"消隐半径"用于控制视点与链接图标的距离小于指定值时才显示链接图标，否则将不显示该链接图标，用于减少场景中的链接图标数量，并控制在漫游或浏览时仅显示当前视点附近的链接图标。默认值为0时将不

启用该选项。

如图 11-10 所示，展开"选项编辑器"对话框中的"链接"类别，在"标准类别"中可以设置 Navisworks支持的各类链接类型的显示方式，例如，可设置该类型的图标是否可见，以及是以图标还是文字的形式显示该类别的图标内容。如果将"图标类型"设置为"文字"，则将以文字的方式直接显示该链接的名称。

图 11-9

图 11-10

11.2 整合图纸信息

在浏览和查看三维场景时，要了解所选择图元的更加详细的设计信息，最好的办法就是将三维场景与二维工程图纸组合起来查看和浏览。在 Navisworks 中，可以将三维场景与 dwf/dwfx 格式的二维图纸文档整合，实现在浏览三维场景时随时在二维图纸中对所选择图元进行定位和查看。

接下来，通过练习说明在 Navisworks 中进行二维图档定位的一般操作过程。

Step01打开随书资源"练习文件\第 11 章\11-2.nwd"场景文件，切换至"外部视角"视点。

图 11-11

Step02如图 11-11 所示，单击 Navisworks 右下角的"项目浏览器"按钮，打开"项目浏览器"工具窗口。

◀) 提示

也可以通过单击"查看"选项卡下"工作空间"面板中的"窗口"下拉列表，在列表中勾选"项目浏览器"选项打开"项目浏览器"工具窗口。

Step03如图 11-12 所示，在"项目浏览器"工具窗口中，显示了当前项目场景中已载入的数据文件。确认当前显示模式为"列表视图"[图标]；单击"导入图纸和模型"按钮[图标]，弹出"从文件插入"对话框。确定打开文件的类型为"All Files（*.*）"；浏览随书资源"练习文件\第 11 章\外部数据\办公楼建筑图纸.dwf"文件，单击"打开"按钮载入该 dwf 文件。返回"项目浏览器"工具窗口。

Step04"项目浏览器"工具窗口中将列表显示上一步骤中所选择的 dwf 文档中包含的所有图纸视图名称。如图 11-13 所示，切换至"缩略视图"显示模式，还将缩略显示各图纸中的内容。注意，当前载入的 dwf 文档中的图纸仅列表显示在"项目浏览器"工具窗口中，所有图纸还尚未准备好，因此各图纸名称旁出现未准备好标识[图标]，即 Navisworks 还不能对图纸中的图元进行浏览和检索。

Step05在场景中单击选择塔楼部分任意条形窗图元。单击鼠标右键，在弹出的如图 11-14 所示的快捷菜单中选择"在其他图纸和模型中查找项目"选项，弹出"在其他图纸和模型中查找项目"对话框。

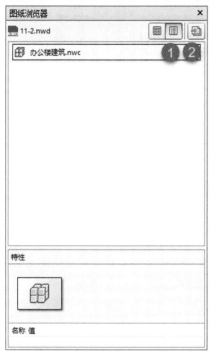

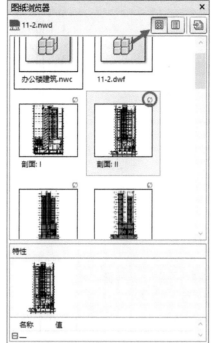

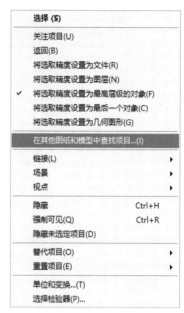

| 图 11-12 | 图 11-13 | 图 11-14 |

Step06 如图 11-15 所示，"在其他图纸和模型中查找项目"对话框中，由于本操作第 3）步骤中载入的 dwf 文件尚未准备好，Navisworks 提示必须将相关图纸和模型准备好后才可以进行查找。单击"全部备好"按钮，Navisworks 将准备 dwf 文件中所有图纸。

Step07 Navisworks 将弹出如图 11-16 所示"正在转换"对话框，提示正在准备的 .dwf 文件的进度。

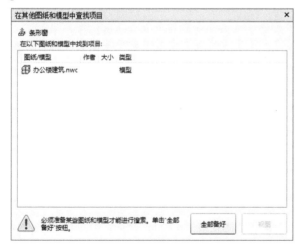

| 图 11-15 | 图 11-16 |

📢 **提 示**

文件的准备过程实际上是将 dwf 文件中的图纸转换为 NWC 格式文档。

Step08 转换完成后，Navisworks 将给出包含所选择窗图元的所有图纸搜索结果。如图 11-17 所示，在列表中选择"剖面：Ⅱ"，单击"查看"按钮，Navisworks 将打开该图纸视图，并在该图纸视图中高亮显示所选择窗位置，便于用户查看该窗在图纸中与其他图元的位置关系。

Step09 "在其他图纸和模型中查找项目"工具窗口中单击选择"楼层平面：八层平面图"，单击"查看"按钮，Navisworks 将切换至八层平面图，如图 11-18 所示。Navisworks 将高亮显示该窗图元。注意，在 Navisworks 右下方将提示当前图纸位置及已载入的图纸总数量。

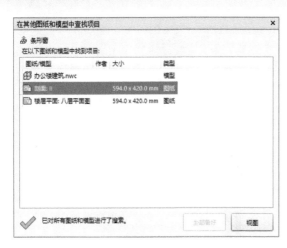
图 11-17

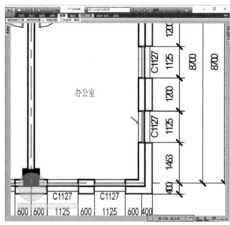
图 11-18

Step⑩ "在其他图纸和模型中查找项目"工具窗口中单击选择"办公楼建筑.nwc",单击"查看"按钮, Navisworks 将切换至三维模型图中。

Step⑪至此完成本练习。关闭当前场景文件,不保存对场景的修改。

要实现在 Navisworks 中对平面图纸进行定位和查找,必须满足两个条件,一是必须是 dwf 或 dwfx 格式的图纸文件;二是 dwf 图纸及 Navisworks 中的场景模型必须由同一个 Revit 模型生成。只有上述两个条件均满足时, Navisworks 才能在其他图纸中查找并定位图元。

DWF 全称为 Drawing Web Format(Web 图形格式),是由 Autodesk 开发的一种开放、安全的文件格式,它可以将丰富的设计数据高效率地分发给需要查看、评审或打印这些数据的任何人。dwf⊖文件高度压缩,因此比设计文件更小,传递起来更加快速。Autodesk 提供了免费的 Autodesk Design Review 用于查看和管理 dwf 格式文件。dwfx 格式是 dwf 格式的升级版本,全称为 Drawing Web Format XPS,以 xml 格式记录 dwf 的全部数据,使之更加适合 Internet 网络集成与应用。

Autodesk 的所有产品,包括 Revit 在内,均支持导出为 dwf 格式数据文件。在导出 dwf 时, dwf 文件中各对象将保留 Revit 中的图元 ID,而图元 ID 是 BIM 数据中唯一的索引数据,因此必须通过 Revit 导出的图纸以及同一 Revit 模型导出的 nwc 模型,才能实现在 Navisworks 中自动查找。

所有导入 Navisworks 的外部数据必须准备好后才能进行查找和定位。Navisworks 在准备数据的过程中,将根据 dwf 中各图纸在相同文件下生成独立的并与图纸名称相同的 nwc 格式文件,以便于 Navisworks 快速载入相关图纸数据。

11.3 自动匹配

Navisworks 提供了多种数据对应规则,用于批量自动化处理 Presenter 材质、TimeLiner 等自动对应关系。例如,可以通过链接外部施工组织计划数据,通过自动对应规则,自动匹配对应构件。

要实现自动匹配,必须指定匹配规则, Navisworks 将根据匹配规则的设定,在满足指定对应关系的数据与图元间实现自动映射。接下来,以自动匹配 csv 表格中施工数据为例,说明 Navisworks 中使用自动匹配规则的一般方法。

Step①打开随书资源"练习文件\第 11 章\11-3. nwd"场景文件。该场景中显示了钢结构柱与梁结构体系。展开"集合"面板,注意在该场景中已预设了名称为 A~H 的选择集,分别对应场景中各结构柱和梁。

Step②使用 Excel 打开随书资源"练习文件\第 11 章\外部数据\施工计划. csv"文件,如图 11-19 所示,该 csv 文件定义了任务名称、计划开始、计划结束及任务类型几列数据。注意,"任务名称"列中

⊖ 为统一文件格式,除特殊说明,一律采用小写形式。

名称为 A ~ H。

Step03 返回 Navisworks，激活"TimeLiner"工具窗口。切换至"数据源"选项卡，如图11-20所示，单击"添加"按钮，弹出 Navisworks 支持的 TimeLiner 施工组织数据格式列表；在列表中选择"CSV 导入"选项，弹出"打开"对话框。浏览随书资源"练习文件 \ 第11章 \ 外部数据 \ 施工计划 .csv"文件，单击"打开"按钮，弹出"字段选择器"对话框。

图 11-19　　　　　　　　　　　　　　　　　　　　图 11-20

Step04 在"字段选择器"对话框中，可以设置 csv 表格中数据字段与 TimeLiner 中字段的对应关系。如图11-21所示，勾选"行1包含标题"选项，即该 csv 文件第1行为标题行；设置时间日期格式为"自动检测日期/时间格式"；确认列中"任务名称"对应外部字段名为"任务名称"；"任务类型"对应外部字段名为"任务类型"；"同步 ID"对应外部字段名为"任务名称"；"计划开始日期"对应外部字段名为"计划开始"；"计划结束日期"对应外部字段名为"计划结束"；其他参数默认，单击"确定"按钮退出"字段选择器"对话框。此时，将在 TimeLiner 中显示上一步中添加的 csv 数据源。

图 11-21

🔊 提 示

同步 ID 用于指定在外部数据发生变化时，Navisworks 以何字段作为变化检索的依据，一般以任务名称作为同步 ID。

Step 05 如图 11-22 所示，用鼠标右键单击前面添加的数据源名称，在弹出的快捷菜单中选择"重建任务层次"选项。Navisworks 将自动根据 csv 格式中的任务名称，创建 TimeLiner 任务名称。

图 11-22

◀ 提 示

当外部数据发生变化时，使用"同步"选项可更新已添加的数据源信息。

Step 06 切换至"任务"选项卡。如图 11-23 所示，Navisworks 已经根据 csv 文件中定义的任务名称、计划开始时间、计划结束时间、任务类型生成施工任务。注意，目前这些任务还未附着任何对象图元。

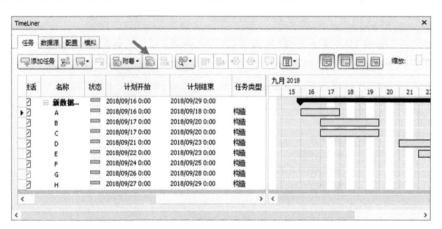

图 11-23

Step 07 在本例中，任务名称与选择集名称相同，因此将采用选择任务名称与选择集名称自动对应的匹配方式进行选择集匹配。单击 TimeLiner 工具窗口中的"使用规则自动附着"工具按钮，弹出"TimeLiner 规则"对话框，如图 11-24 所示。在该对话框中列举了 Navisworks 默认提供的映射规则。单击"新建"按钮，弹出"规则编辑器"对话框。

Step 08 如图 11-25 所示，在"规则编辑器"对话框的"规则名称"中输入"按任务名称映射选择集图元"；在"规则模板"中选择"将项目附着到任务"方式，即将指定的图元附着给 TimeLiner 任务；在"规则描述"中，依次单击带有下画线的字

图 11-24

段，依次修改为"名称"（即 TimeLiner 任务名称）、"选择集"（即项目场景中已有的选择集中的名称）和"匹配"（即当 TimeLiner 中任务名称与"集合"面板中选择集名称相同时，Navisworks 自动将选择集附着给任务）。注意，当单击带下画线的字段时，Navisworks 将弹出"规则编辑器"对话框，供用户选择相应的值。完成后，单击"确定"按钮退出"规则编辑器"对话框，返回"TimeLiner 规则"对话框。

Step09 如图 11-26 所示，在"TimeLiner 规则"对话框中将显示上一步中定义的"按任务名称映射选择集图元"规则。勾选该规则名称前的复选框，并勾选"替代当前选择"选项，单击"应用规则"按钮，Navisworks 将根据规则的设置自动检索任务名称与选择集名称，并自动将选择集名称与任务名称相同的选择集附着给 TimeLiner 任务。

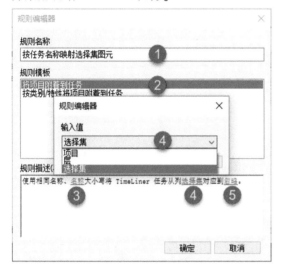

图 11-25   图 11-26

提 示

"替代当前选择"选项可以清除当前已定义的所有图元。通过单击"导入/导出附加对象规则"按钮，可以将自定义的匹配规则导出为独立的 .xml 格式文档。

Step10 关闭"TimeLiner 规则"对话框。注意在 TimeLiner"任务"选项卡中，各任务已自动附着了与任务名称相同的选择集。切换至"模拟"选项卡，单击"播放"按钮，查看当前施工进程模拟动画。

Step11 至此完成本练习。关闭当前场景，不保存对场景的修改。

使用匹配规则可以使 Navisworks 更智能地根据匹配规则实现批量工作。除使用选择集外，还可以根据图元中任意属性值进行匹配。这与本书前述章节中讲述的 Navisworks 搜索过程非常类似，读者可自行尝试。

在 Navisworks 中，自动匹配还可以应用于 Presenter 中材质的自动匹配，其原理及操作过程与本练习中 TimeLiner 自动匹配相同，在此不再赘述。

要利用 Navisworks 的自动匹配规则，必须整体规划 BIM 的信息原则，使得在模型创建、施工组织计划中均使用相同的信息原则，这样才能大大加快在 Navisworks 中信息整合管理的进度。信息规则是进行 BIM 管理工作的基础，需要系统规划和落实。

本 章 小 结

本章介绍了在 Navisworks 中进行数据整合的意义和过程。利用 Navisworks 的链接功能，可以整合任意形式的照片、音频、视频、文档文件，扩展 BIM 数据库的信息能力，用于施工现场信息管理工作。利用 dwf 格式的图纸，可实现三维场景模型与图纸间的自动对应，方便用户在模型及图纸间查找和切换。使用自动匹配功能，可在 Navisworks 中实现数据自动匹配。利用 Navisworks 强大的数据、信息整合能力可将 Navisworks 作为 BIM 信息管理的平台。必须注意的是，规则的信息才是实现高效 BIM 管理的基础。

第12章 数据发布

在 Navisworks Mange 中完成数据整合、校审后,可以将场景数据发布为第三方数据格式,以便于脱离 Navisworks Mange 环境在其他软件或设备上进行查看。例如,可以将场景模型发布为 3D dwf 格式,可以使用免费的 Autodesk Design Review 查看场景三维模型;也可以发布为更加安全的 nwd 数据格式,使用免费的 Navisworks Freedom 在 PC 端进行浏览和查看;还可以将 nwd 格式的数据传递至 iPad,使用免费的 Autodesk BIM 360 Glue 在 iPad 上浏览和查看三维场景。

12.1 数据发布介绍

12.1.1 发布为不同数据格式

场景整合完成后,可以使用 Navisworks 的输出功能将当前场景发布为其他数据格式。Navisworks 支持 nwd、dwf、fbx 格式数据的输出。Navisworks 支持的所有输出工具均集中于"输出"选项卡中,如图 12-1 所示。

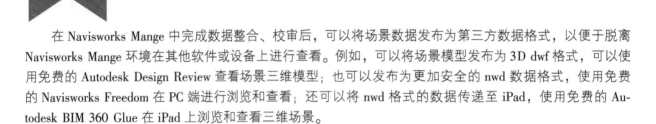

图 12-1

nwd 数据是 Navisworks 的文档数据格式。当前场景中所有模型、审阅信息、视点、TimeLiner 设置等信息均可保存于 nwd 格式的数据中。除直接另存为 nwd 数据格式外,Navisworks 还提供了输出为 nwd 的方式。单击"输出"选项卡下"发布"面板中的"NWD"工具,弹出"发布"对话框。如图 12-2 所示,在"发布"对话框中,可对即将发布的 nwd 数据添加标题、作者等项目注释信息。更重要的是,可以对该发布的 nwd 数据设置密码,使得发布的 nwd 数据更加安全。

发布 nwd 数据时,除使用密码对 nwd 数据进行加密外,还可以设置"过期"日期。当 nwd 数据过期时,即使具有该 nwd 数据的密码,也将无法再打开该 nwd 文件。同时,还可以在发布 nwd 数据时,将当前场景中已设置的材质纹理、链接的数据库进行整合,便于得到完整的工程数据库。而使用另存为的方式生成的 nwd 数据,将无法使用发布场景时提供的安全设置、嵌入纹理等高级特性。

注意,在发布 nwd 数据时启用密码后,在单击"确定"按钮指定保存 nwd 数据位置时,Navisworks 将要求用户再次输入密码以确保密码安全。

在"导出场景"面板中,可以将当前场景导出为 dwf、fbx 和 kmz 格式。dwf 格式在第 11 章中已经详细介绍,在 dwf 文件中,不仅可以保存二维图档信息,还可以保存三维模型。如

图 12-2

图 12-3所示，为使用 Autodesk Design Review 打开导出的三维 dwf 场景模型。在 dwf 中仍然保留了 BIM 相关信息。

图 12-3

由于 dwf 格式文件的定位为在 Web 中进行传递和浏览，其在 Autodesk 360 的云服务中，可以使用 IE、Chrome 等 Web 浏览器查看三维或二维 dwf 文档，结果如图 12-4 所示。

fbx 格式是 Autodesk 开发的用于在 Maya、3ds max 等动画软件间进行数据交换的数据格式。目前Autodesk公司的产品多数均支持包括 3ds max、Revit、Auto-CAD 等数据格式的导出。在 fbx 文件中，除保存三维模型外，还将保存灯光、摄影机、材质设定等信息，以便于在 3ds max 或 Maya 等动画软件中制作更加复杂的渲染和动画表现。

这些数据格式的输出过程较为简单，读者可自行尝试相关的数据导出操作。

在"导出数据"工具面板中，可将当前场景中的视点、碰撞检查结果、TimeLiner 数据

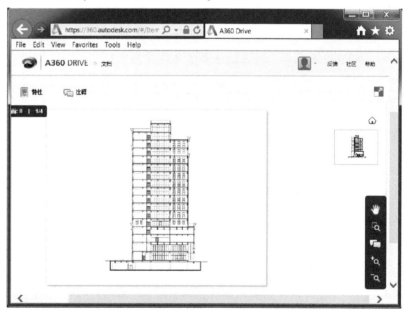

图 12-4

等导出为外部数据，以便于和其他场景或软件间进行数据交换。在本书前述章节中，已详细介绍了各类数据的导出方式，在此不再赘述。

12.1.2 批处理

如果有多个数据需要转换为 nwc 格式或对不同版本的 Navisworks 文件进行版本转换，可以使用 Navisworks 提供的 Batch Utility（批处理工具）进行批量转换。

如图 12-5 所示，单击"常用"选项卡下"工具"面板中的 Batch Utility 工具，弹出"Navisworks Batch Utility"对话框。

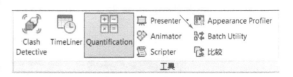

图 12-5

如图 12-6 所示，在"Navisworks Batch Utility"对话框中，在"输入"栏中指定需要转换的文件夹位置，在右侧文件列表中将显示当前文件夹中所有可以进行转换的数据。配合键盘上的〈Ctrl〉键选择要进行转换的文件，单击"添加文件"按钮即可将文件添加至转换任务中。注意，可以在任务中添加多个不同的文件夹，从而为分布于不同文件夹中的文档进行转换。

在"输出"栏中可指定上述添加的文件输出"作为单个文件"，如图 12-7 所示。当输出为单个文件时，单击"浏览"按钮，将弹出"将输出另存为"对话框，可将输出结果保存为 nwd、nwf 输出文本格式的文件列表。当选择"作为多个文件"的方式输出时，将为每个文件生成同名的 nwc 文件。

不论何种文档输出方式，都可以指定输出文件的 Navisworks 版本。完成后单击"运行命令"按钮，Navisworks Batch Utility 将自动按指定的格式转换全部指定的文件。

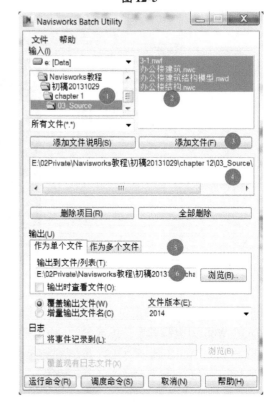

图 12-6

在 Navisworks Batch Utility 对话框中，还可以通过单击"调度命令"按钮，在弹出的"调度任务"对话框中输入文件名称，将当前任务保存为 Windows 的计划任务。如图 12-8 所示，输入该任务的名称并指定要运行该任务的用户名和密码，单击"确定"按钮后将自动打开 Windows 的计划和任务对话框。

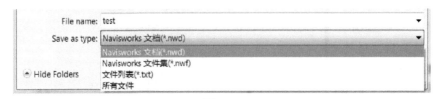

图 12-7

如图 12-9 所示，在计划和任务对话框中，切换至"计划（schedule）"选项卡，设置计划的类型为"一次（once）"，设置运行该计划的日期和时间，单击"确定（ok）"按钮即可。当到达指定时间时，Windows 会自动运行 Batch Utility 中指定的文件转换任务，而无须人为干预。

在实际工作中，Batch Utility 工具非常高效和实用。例如，在需要将同一个项目中所有 RVT 格式文件转换为 nwf 格式数据文件时，即可以使用 Batch Utility 工具进行批量转换。Batch Utility 可以设置为无人值守运行，从而利用计算机空余时间完成这些耗时的文件转换工作，节约转换工作时间。

图 12-8

图 12-9

12.2 使用 iPad 浏览场景

Autodesk 提供了免费的 BIM 360 Glue, 用于在 iPad 上查看 nwd 格式的数据。用户可以在 Apple Store 上免费下载并安装 BIM 360 Glue。如图 12-10 所示, 为 Apple Store 中关于 BIM 360 Glue 的信息。

在 iPad 上使用 BIM 360 Glue 之前, 需要对 BIM 360 Glue 的测量单位进行设置。如图 12-11 所示, 在 iPad "设置"中, 浏览到 BIM 360 Glue, 修改 "Units of measurement"(测量单位)为 "Metric"(公制), 即使用公制测量单位。这样在 BIM 360 Glue 中进行对象测量时, 将以公制长度 "米"显示测量距离。在 "GRID(轴网)"设置中, 开启 "Show grid lines in model view(在模型场景中显示轴网)"可以在浏览模型时实时显示轴网信息。"Show grid lines in map(在地图中显示轴网)"可以在平面缩略图中显示轴网信息(如有)。

BIM 360 Glue 仅支持非加密的 nwd 数据格式。必须先将 nwd 数据文档上传至 iPad 才能使用 BIM 360 Glue 查看和浏览。可以通过 PC 传递至 iPad 或通过云服务将 nwd 格式数据上传至 iPad。如图 12-12 所示, 使用 iTurnes 连

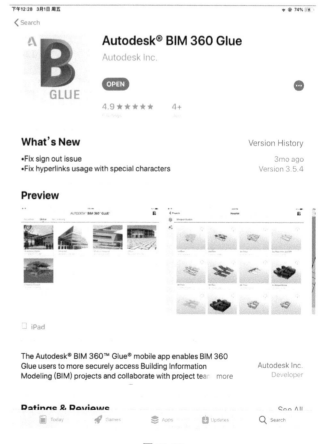

图 12-10

图 12-11

图 12-12

接 iPad，切换至"应用程序"选项，在左侧浏览至 BIM 360 Glue，单击选择该应用程序，单击"添加文件"按钮，浏览至要上传的 nwd 数据，单击"同步"按钮即可完成 nwd 数据上传。

除使用 PC 直接上传外，还可以通过微云、Autodesk BIM 360 等云端存储服务将数据上传至 iPad。以微云为例，如图 12-13 所示，在 iPad 中安装微云客户端后，下载已上传的 nwd 文件，单击右上角"分享"按钮，在列表中选择"打开方式"，在"打开方式"列表中选择"在 BIM 360 Glue 中打开"即可。

第一次在 iPad 中启动 BIM 360 Glue 时，将出现 Autodesk ID 登录界面。如图 12-14 所示，使用任何邮箱均可免费注册 Autodesk ID。

图 12-13   图 12-14

输入用户名和密码后，可以进入 BIM 360 Glue 界面。如图 12-15 所示，所有上传的 nwd 数据均保存在 Standalone Models 中。单击文档名称，将打开该场景文件。

图 12-15

BIM 360 Glue 界面功能如图 12-16 所示。与其他 iPad 应用程序类似，BIM 360 Glue 支持多手指操作，当使用一根手指按住并滑动时将旋转场景；使用两根手指按住并滑动时将平移场景；使用两根手指缩放时可缩放场景。

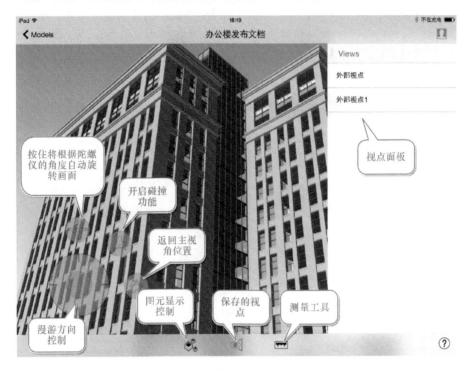

图 12-16

使用一根手指单击图元将选择图元。选择图元后，BIM 360 Glue 将显示图元操作按钮，如图 12-17 所示，可以分别选择隔离所选择图元、隐藏所选择图元或打开图元属性面板，查看图元的属性信息。BIM 360 Glue 将继承 Navisworks 中的所有属性信息。

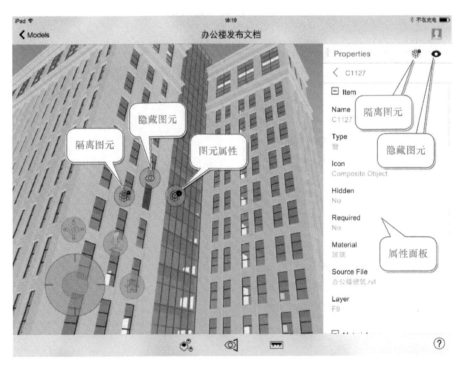

图 12-17

在 BIM 360 Glue 中隐藏图元后，可以单击 "图元显示控制" 按钮打开图元显示控制面板，如图 12-18 所示，该面板中将显示所有已隐藏的图元。单击 "图元可见性控制" 按钮，可恢复图元显示。

BIM 360 Glue 操作较为简单，利用 iPad 的大屏显示优势及操作性，可以实现现场随时查阅 BIM 数据。在云计算已成为主流服务的时代，Autodesk 提供了称为 "BIM 360" 的基于云的全方位 BIM 服务。

图 12-18

"BIM 360" 包括 Autodesk 云存储、Autodesk 终端应用等一系列基于云的服务。BIM 360 Glue 是 "BIM 360" 中非常重要的一环，它可以实现随时随地查询 BIM 数据。

本 章 小 结

本章介绍了如何在 Navisworks 中发布和导出其他格式的数据，以便于在非 Navisworks 环境中进行查看。利用 Batch Utility 工具，可以对多个需要转换为 Navisworks 的模型数据进行批量处理，Batch Utility 工具支持 Windows 计划任务，可预设系统自动运行该工具完成数据转换任务。nwd 格式数据除可以使用 Autodesk Navisworks Freedom 进行浏览外，还可以利用 BIM 360 Glue 在 iPad 移动端进行浏览和查看。本章中操作过程较为简单，读者可自行进行尝试。

Navisworks 从 2014 版开始加入 Quantification 模块，该模块基于 Navisworks 中的场景模型进行工程量计算。由于 Navisworks 中的场景反映了真实的工程模型，因此基于该场景计算得到的工程量将是准确可靠的工程量。

利用 Navisworks 强大的展示和表现功能，算量人员可以在三维空间中对于计算的工程量进行直观的检验与调整。Navisworks 支持三维与二维两种不同的算量方式，并可直接通过映射 BIM 模型中的各项参数，实现自动算量计算。同时 Navisworks 的 Quantification 模块允许由算量人员手动指定算量规则，以确保计算结果的可控性。

13.1 Navisworks 工程量原理

Navisworks 提供了 Quantification 模块，用于计算工程量。在 Quantification 模块中，提供了两种算量管理资源：项目目录和资源目录。如图 13-1 所示，单击"查看"选项卡"工作空间"面板中"窗口"下拉列表，在列表中勾选"项目目录"和"资源目录"，将显示项目目录和资源目录工具窗口。

在"资源目录"中，定义了当前场景中图元构件的分类方式，例如，墙、楼板、结构柱、梁等。如图 13-2 所示，在项目目录中定义了工程算量项目的分组方式，例如，图中所示项目可分组为"Substructure（基础结构）"和"Shell（主体结构）"两个第一级资源，并分别定义了各级资源的 WBS（Work Breakdown Structure，工作分解结构）的编码分别为 A 和 B；展开第一级 Shell 资源类别，在 Shell 类别中还包含名称为"Superstruc-

图 13-1

ture（上部结构）"的第二级类别，其 WBS 编码为"B. 10"；在 Superstructure 类别中，包括名称为"Floor Construction（楼板结构）"第三级资源类别，其 WBS 编码为"B. 10. 10"；在"Floor Construction"类别中包含"Structural Framing-Columns（结构框架-柱）"第四级资源类别，其 WBS 编码为"B. 10. 10. 1"；而 Structural Framing-Columns 类别中，包含"Column 14×176""Column 14×145"等多个结构柱尺寸资源。可以看到该资源的 WBS 编码均为 B. 10. 10. 1. 1。

图 13-2

对于目录中具体的资源，除可定义其 WBS 编码外，还可以定义该资源的"对象外观"，即当在项目中使用该编码时，被赋予该编码的图元将显示为设定的对象外观颜色及透明度，以便于算量人员对项目进行核查。还可以针对每个资源指定长度、宽度、厚度、周长、面积、体积等计算公式及单位，在后期算量时，Navisworks 将根据指定的公式计算该类资源的长度、宽度值。注意，计算公式仅用于当前类型图元的数值计算规则。特别对于具有扣减值的构件，计算规则非常重要。

在"项目目录"中，单击"资源目录"按钮将打开"资源目录"工具窗口。如图 13-3 所示，在"资源目录"中，将显示当前场景中所有可用资源。与项目目录类似，资源目录根据材料的功能及类型进行层级划分，并分别对每种材料资源进行编号，在 Navisworks 中称为 RBS（Resource Breakdown Structure，资源分解结构）。例如，图中所示 03000Concrete 资源的 RBS 一级编码为"2"，而该资源下包含的"Concrete 3000 psi""Finish Concrete-Trowel（表面找平混凝土）"等资源，被分别定义了各资源的 RBS 编码。注意，各资源中均定义了该类资源在算量时需要计算的信息，例如，Concrete 3000 psi 资源中，需要计算该资源的体积、重量及数量；且定义了该资源的体积、重量公式及单位。

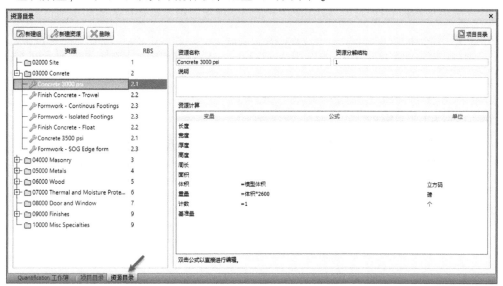

图 13-3

在 Navisworks 中，可以在项目目录中根据需要自定义项目资源。如图 13-4 所示，在"项目目录"窗口中，单击"新建组"可以新建第一级或第二级组目录。组目录相当于项目资源分类文件夹，以便于算量工程师对项目资源进行分类管理，并为各组进行 WBS 编码分配。单击"新建项目"按钮，可以在当前组中创建新项目，并分配项目 WBS 编码，指定该类项目的对象外观，设定资源计算的长度、宽度等变量计算公式等。

图 13-4

一个项目资源可以根据实际情况拥有多个不同的资源。例如，对于项目资源中核心筒墙体，可以拥有混凝土、钢筋、表面抹灰等多个资源。如图 13-5 所示，在"项目目录"中单击"使用资源"按钮，选择"使用现有主资源"选项可以直接调用"资源目录"中已定义的各类资源；对于特殊类型的资源，可以单击"使用新的主资源"选项，为项目创建新的资源。

Navisworks 利用"项目目录"对场景中的图元进行分类管理，再通过项目目录中定义的各类构件的资源将图元

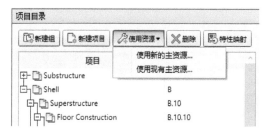

图 13-5

分解为材料资源，从而得到不同资源的材料算量结果。可以说，WBS 及 RBS 是 Navisworks 算量工作的基础。Navisworks 允许用户根据自己的算量工作要求自定义 WBS 及 RBS 资源，从而适应不同的算量工作要求。

13.2 三维工程量计算

在理解了 Navisworks 中 Quantification 模块工程量计算原理后，即可以使用 Navisworks 的 Quantification 进行工程量计算。Navisworks 支持三维与二维两种算量，不论使用哪一种算量，要使用 Quantification 进行工程量计算，首先必须对 Navisworks 中场景进行 WBS 和 RBS 进行设定。在三维工程算量中，可以分别使用手动指定算量公式与自动读取 BIM 参数自动算量两种方式。

13.2.1 三维手动算量

接下来，通过实例操作简要介绍 Navisworks 中利用 Quantification 模块进行工程量计算的一般步骤。在本操作中，将计算框架结构的柱、梁、板的混凝土体积及模板面积。梁和柱的混凝土强度等级为 C30，板的混凝土强度等级为 C25。

Step01打开随书资源"练习文件 \ 第 13 章 \ 13-2-1. nwd"场景文件。该场景中显示了框架结构梁、板、柱结构模型。

Step02如图 13-6 所示，单击激活"常用"选项卡"工具"面板中"Quantification"工具，打开"Quantification 工作簿"工具窗口。

图 13-6

Step03如图 13-7 所示，由于在当前场景中第一次启用 Quantification 模块，因此需要对 Quantification 进行项目设置，以确定 Quantification 的项目单位等信息。单击"项目设置"按钮，打开"Quantification 设置向导"对话框。

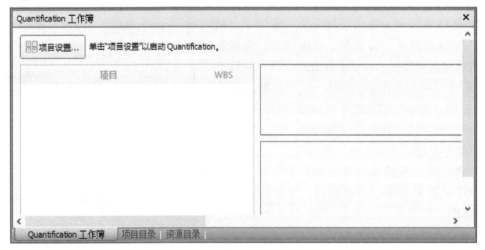

图 13-7

🔊 提示

　　如果是第一次运行 Quantification 项目设置，Revit 会给出"是否查看 Quantification 快速入门教程"对话框，用户可根据自己的需要进行查看，或单击"稍后提醒我"，当再次运行 Quantification 设置时再决定是否查看。

Step04 如图 13-8 所示，在"Quantification 设置向导"对话框中，可以选择本项目算量的项目目录结构。Navisworks 内置了 CSI-16、CSI-48 和 Uniformat 几种预设的项目 WBS 组织结构。在本操作中，选择"无"，单击"下一步"按钮，不使用任何预设的标准。

图 13-8

◀) 提 示

CSI-16、CSI-48 及 Uniformat 均由美国建筑标准协会（CSI）提出的建筑分解方式。其中 CSI-16 及 CSI-48 又称 MasterFormat，该规则是按构件材料特性进行分类；Uniformat 则按构件的建筑功能进行分类。

Step05 如图 13-9 所示，设置 Quantification 的测量单位为"公制（将模型值转换为公制单位)"。即不论原场景中单位如何，都将按公制单位进行测量和计算。单击"下一步"按钮，进入"Quantification：选择算量特性"设置。

图 13-9

Step06 在"Quantification：选择算量特性"设置中，可分别设置模型的长度、宽度采用的单位。本练习不做任何修改，单击"下一步"按钮，如图 13-10 所示。

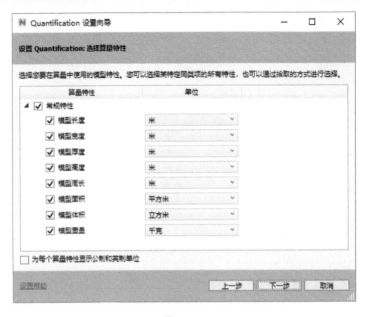

图 13-10

Step07 Quantification 提示已准备好创建算量数据库，单击"完成"按钮退出"Quantification 设置向导"对话框，如图 13-11 所示。

Step08 完成 Quantification 设置后，"Quantification 工作簿"工具窗口变为如图 13-12 所示。单击"切换到资源视图"和"切换到项目视图"按钮，可在项目视图与资源视图间进行切换显示。

🔊 提 示

由于当前项目中还未设置项目与资源分解结构，所以此时切换项目与资源视图并不会有明显的区别。

图 13-11

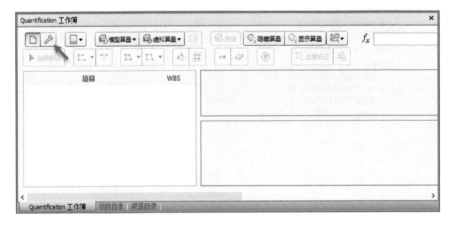

图 13-12

Step09 由于在第 4）步操作中并未选择任何项目分解模板，因此项目目录中不显示任何项目分解结构。单击底部"项目目录"选项卡，打开"项目目录"工具窗口，如图 13-13 所示，单击"新建组"按钮，创建新分组，修改"组名称"为"结构柱"；设置"工作分解结构"编码为"10"作为该类别构件第一级编码。重复上述操作，分别创建"结构梁""结构板构件"类别分组，分别设置 WBS 一级编码为"20""30"。

图 13-13

选择任何新建编组并再次单击"新建组"按钮，将为当前所选择编组创建二级编组。

Step⑩选择"结构柱"编组，如图 13-14 所示，单击"新建项目"按钮，为当前编组新建项目资源。修改项目名称为"框架柱"，设置"工作分解结构"值为"1"；修改"对象外观"颜色为蓝色。

图 13-14

Step⑪单击"使用资源"下拉列表，在列表中选择"使用新的主资源"选项，打开"新建主资源"对话框，如图 13-15 所示。输入资源名称为"C30 混凝土"，设置"资源分解结构"（RBS）为"1"；确认"资源计算"中"周长"计算公式为"=（厚度+宽度）*2"，单位为"米"；设置"面积"计算公式为"=厚度*宽度"，单位为"平方米"；设置"体积"计算公式为"=面积*高度"，单位为"立方米"设置"重量"计算公式为"=体积*2400"，单位为"千克"，即该混凝土的重量为该资源的体积*2400。其他参数不变，单击"在项目中使用"按钮将该资源添加至框架柱类别中。

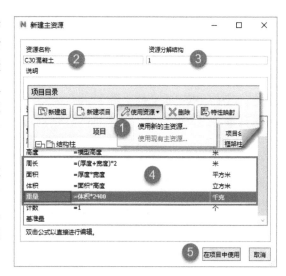

图 13-15

Step⑫重复上一步操作，为框架柱新建添加名称为"结构柱模板"的资源。如图 13-16 所示，修改"周长"的计算公式为"＝（厚度＋宽度）＊2"，单位为"米"；修改"面积"公式为"＝周长＊高度"，单位为"平方米"，其他参数默认，单击"在项目中使用"按钮将该资源添加至项目目录中。

图 13-16

Step⑬至此完成框架柱资源定义。重复第 10) 操作步骤，为"结构梁"类别编组添加"框架梁"项目。如图 13-17 所示，设置其颜色为红色，其他参数默认。

Step⑭因框架梁中也将包含 C30 混凝土资源，可以将前述操作中定义的 C30 混凝土资源添加至框架梁项目中。单击"使用资源"按钮，在下拉列表中选择"使用现有主资源"选项，打开"主资源列表"对话框，如图 13-18 所示，该对话框将列举当前项目中所有已定义的主资源。在列表中选择"C30 混凝土"，单击"在项目中使用"按钮，将该资源添加至框架梁项目。单击"完成"按钮退出

图 13-17

"主资源列表"对话框。Navisworks 将采用与计算结构柱相同的公式计算应用于框架梁项目中的 C30 混凝土资源。

Step⑮重复第 10) 操作步骤，新建名称为"框架梁模板"资源。如图 13-19 所示，因梁模板仅计算三边，因此设置"周长"公式为"＝2＊厚度＋宽度"；在计算模板面积时，梁与框架柱相交时需要扣减柱部分的模板面积，因此设置"面积"计算公式为"＝周长＊（高度－长度）"，注意，此处高度值为梁测

量长度，"长度"值为双跨框架梁经过柱时需要扣减的长度。单击"在项目中使用"按钮将该资源添加至框架梁项目。

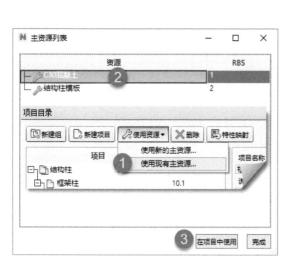

图 13-18   图 13-19

提 示

　　使用"高度"值作为梁长度参数，目的是为保持该计算参数与 C30 混凝土中长度参数一致。

Step⑯重复前述操作，为"结构板"创建名称为"结构楼板"的项目。设置"对象外观"颜色为绿色。为"结构楼板"新建名称为"C25 混凝土"的资源，设置该资源计算公式如图 13-20 所示。

Step⑰新建名称为"结构板模板"新资源，设置该资源计算公式如图 13-21 所示。

图 13-20   图 13-21

　　Step⑱单击"项目目录"右上角"资源目录"按钮，切换至"资源目录"工具窗口，前述操作步骤中创建的资源均列表显示在资源目录窗口中。如图 13-22 所示，单击"新建组"按钮，创建新资源组，修改该组名称为"混凝土"，配合键盘 Ctrl 键依次选择"C30 混凝土"和"C25 混凝土"，单击鼠标右键，在弹出菜单中选择"剪切"，右键单击"混凝土"资源组名称，在弹出菜单中选择"粘贴"将资源移动至该资源组中。注意，Navisworks 将自动修改该资源的 RBS 层级。使用类似方式创建"模板"资源组，将结构柱模板、框架梁模板和结构板模板移动至该组中。

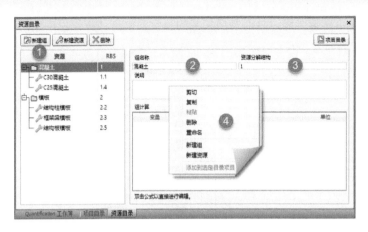

图 13-22

可以在资源目录中修改已定义的资源公式。

Step⑲单击底部"Quantification 工作簿"面板,切换至 Quantification 工具窗口,注意,在当前窗口中已显示了前述操作中定义的项目目录结构。接下来,将为项目目录中各项目添加图元。单击"集合"工具面板中"框架柱"选择集,选择所有结构柱图元。如图 13-23 所示,确认当前视图显示方式为"项目视图",在 Quantification 工作簿工具窗口中,单击选择"框架柱"项目类别,单击"模型算量"下拉按钮,在下拉列表中选择"就选定的目录项目进行算量"选项,Navisworks 将所有所选择的结构柱添加至右侧图元列表中。

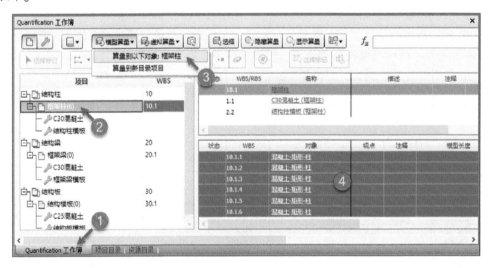

图 13-23

Step⑳如图 13-24 所示,在下方图元列表中,输入各结构柱的模型宽度、模型厚度及模型高度值,Navisworks 将自动根据资源中已定义的公式计算混凝土的总体积、总重量及模板的总面积。

单击构件列表中"对象"可在场景视图中高亮显示该图元。

Step㉑重复第 19)操作步骤,将"双跨框架梁"选择集添加至"框架梁"项目中。如图 13-25 所示,输入梁的模型宽度、模型厚度、模型高度及模型长度值。因该组梁为双跨梁,在计算模板面积时,需扣除相交柱的宽度值。在定义框架梁模板资源时,已使用"模型长度"参数代表需要扣除的柱宽度值,使用"模型高度"参数代表梁计算长度值。

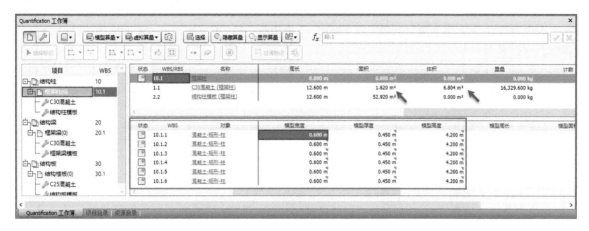

图 13-24

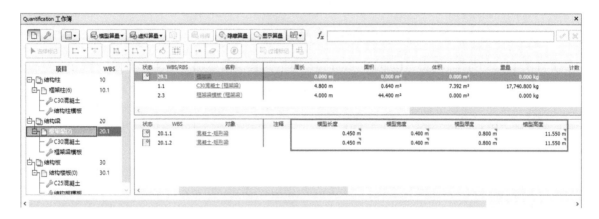

图 13-25

Step 22 重复上一步骤操作，向"框架梁"中添加单跨框架梁和次梁选择集，如图 13-26 所示。输入单跨框架梁选择集中图元模型宽度、模型厚度及模型高度值为"0.4m""0.8m"及"8.4m"；输入次梁选择集中图元模型宽度、模型厚度及模型高度值为"0.3m""0.6m"及"8.4m"。因该选择集中梁图元在计算模板时不需要与柱扣减，因此不输入模型长度值。

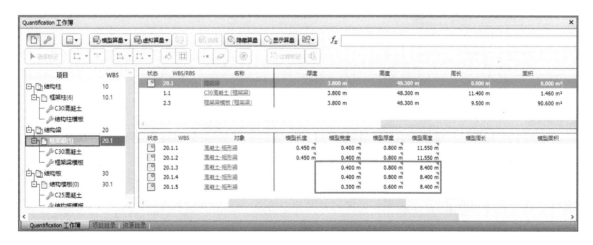

图 13-26

🔊 提 示

可以配合使用 Navisworks 的测量工具，测量梁的长度。

Step23 重复上一步骤操作，为"结构楼板"项目添加"结构楼板"选择集。如图 13-27 所示，输入模型长度、模型宽度、模型厚度值分别为"8.8m""5.676m"和"0.3m"，Navisworks 将自动计算 C25 混凝土体积及楼板模板面积。

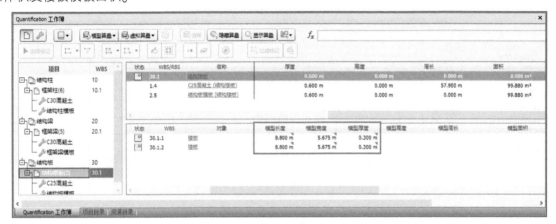

图 13-27

Step24 如图 13-28 所示，单击"Quantification 工作簿"工具窗口顶部"隐藏已算量"按钮，可在当前场景中隐藏已经计算工程量图元。单击"显示已算量"按钮将显示已计算工程量的图元。单击"控制模型项目的外观"按钮，可以选择按算量的构件设置显示已算量图元的外观还是按原始模型的外观显示图元外观。当选择应用 Quantification 外观选项时，Navisworks 将按项目目录中设定的项目外观显示已算量的图元。

图 13-28

🔊 提示

必须将当前场景显示方式调整为"着色"模式才可以显示 Quantification 外观。详见本书第 3 章相关内容。

Step25 如图 13-29 所示，单击右上角"导出"按钮，在弹出列表中选择"将工料导出为 Excel"选项，可将当前算量结果导出为 Excel 格式文件。将该 Excel 文件保存于硬盘任意位置。

Step26 保存完成后，打开该 Excel，结果如图 13-30 所示。Navisworks 提供了多个不同的工作簿用于显示各资源组合方式。

Step27 至此完成本算量操作练习。读者可打开随书资源"练习文件 \ 第 13 章 \ 13-2-1 完成 .nwd"场景查看最终算量结果。

项目目录和资源目录是 Navisworks 中进行算量的基础。在算量

图 13-29

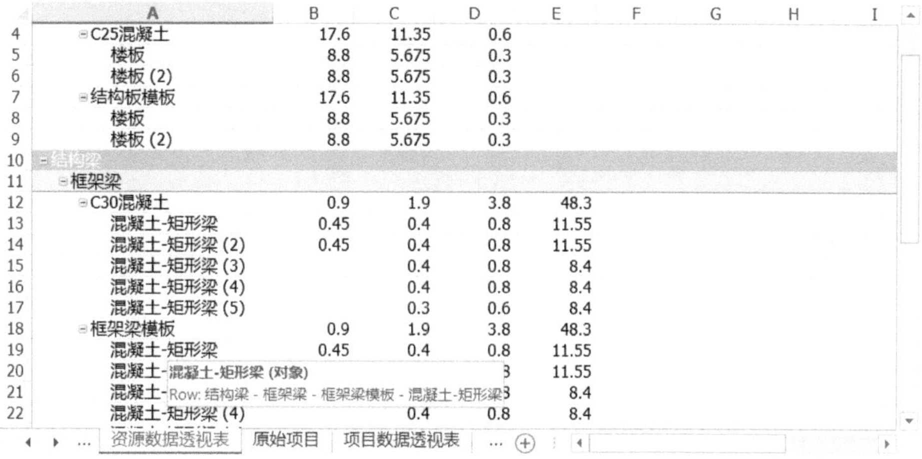

	A	B	C	D	E	F	G	H	I
4	⊟C25混凝土	17.6	11.35	0.6					
5	楼板	8.8	5.675	0.3					
6	楼板 (2)	8.8	5.675	0.3					
7	⊟结构板模板	17.6	11.35	0.6					
8	楼板	8.8	5.675	0.3					
9	楼板 (2)	8.8	5.675	0.3					
10	⊟结构梁								
11	⊟框架梁								
12	⊟C30混凝土	0.9	1.9	3.8	48.3				
13	混凝土-矩形梁	0.45	0.4	0.8	11.55				
14	混凝土-矩形梁 (2)	0.45	0.4	0.8	11.55				
15	混凝土-矩形梁 (3)		0.4	0.8	8.4				
16	混凝土-矩形梁 (4)		0.4	0.8	8.4				
17	混凝土-矩形梁 (5)		0.3	0.6	8.4				
18	⊟框架梁模板	0.9	1.9	3.8	48.3				
19	混凝土-矩形梁	0.45	0.4	0.8	11.55				
20	混凝土-混凝土-矩形梁 (对象)				11.55				
21	混凝土- Row: 结构梁 - 框架梁 - 框架梁模板 - 混凝土-矩形梁 3				8.4				
22	混凝土-矩形梁 (4)		0.4	0.8	8.4				

◀ ▶ … 资源数据透视表 原始项目 项目数据透视表 … ⊕ ◀

图 13-30

时必须正确定义项目目录及资源目录的分解结构及计算公式。再手动填入各构件的相关算量参数即可完成算量操作。

13.2.2 三维自动算量

可以使用 Quantification 模块提供的"特征映射"功能，直接读取模型中的相关参数，实现自动算量。接下来，通过练习说明如何在 Quantification 中使用特征映射。

Step01打开随书资源"练习文件 \ 第 13 章 \ 13-2-2. nwd"项目文件。打开 Quantification 工具窗口，注意当前项目中已经创建了项目目录 WBS，并创建完成了相应的资源目录 RBS。

Step02切换至项目目录工具窗口。如图 13-31 所示，单击"特性映射"按钮，打开"特性映射"对话框。

Step03如图 13-32 所示，在"特性映射"对话框中，单击右侧"＋"按钮，向列表中添加

图 13-31

一条新的映射。修改"算量特性"值为"模型宽度"，设置该特性对应的图元属性"类别"为"Revit 类型"，设置"特性"为"b"，即算量特性中的"模型宽度"的值将取自图元"Revit 类型"面板中"b"的参数值。

Step04重复上一步骤，继续向列表中添加"模型厚度"和"模型高度"映射值，结果如图 13-33 所示。

Step05单击"集合"工具面板中"框架柱"选择集，选择所有结构柱图元。切换至 Quantification 工具窗口，确认当前视图显示方式为"项目视图"，在 Quantification 工作薄工具窗口中，单击选择"框架柱"项目类别，单击"模型算量"下拉按钮，在下拉列表中选择"就选定的目录项目进行算量"选项，Navisworks 将所有所选择的结构柱添加至右侧图元列表中。

Step06如图 13-34 所示，由于设置了特性映射，Navisworks 会自动读取结构柱图元中对应的参数信息，并自动添加至"模型宽度""模型厚度"和"模型高度"参数中，由于已经在资源中定义了各参数之间的关系，因此 Navisworks 将自动给出所有相关算量的结果。

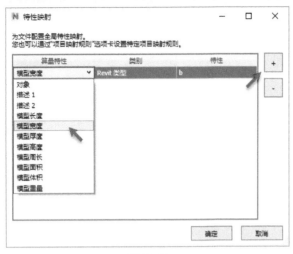

图 13-32

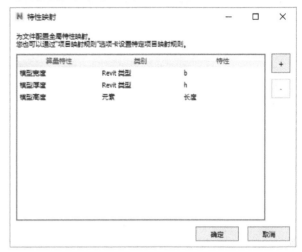

图 13-33

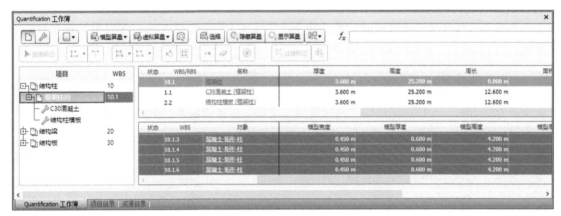

图 13-34

Step 07 至此完成当前练习，关闭该项目文件，不保存对项目的修改。

在 Navisworks 中定义特性映射时，将定义全局映射，即无论何种构件，都将按特性映射中指定的映射参数作为默认的算量结果。Navisworks 允许用户再次对已映射生成的数值进行修改。

采用特性映射实现自动算量时，由于 Revit 只会读取已映射的参数值作为默认的算量值，因此必须保证原 BIM 模型中各参数的准确性。同时，应在各原始 BIM 模型中建立一整套适应算量的参数，以方便后期算量。

13.3 二维算量简介

Quantification 模块可以将二维图元添加至算量工作簿中进行二维算量。要实现二维算量，必须在 Navisworks 中导入 DWG 或 DWF 格式的平面图纸。如果直接导入三维 BIM 模型，则二维算量的功能将被自动关闭。

在 Navisworks 中，二维算量的过程与上一节中所介绍的三维算量的过程完全一致，需要定义项目中的 WBS 及 RBS 的资源。

如图 13-35 所示，可以利用 Navisworks 提供的多段线、快速线工具沿导入的平面图纸绘制要算量的对象，Navisworks 会自动记录所绘制的对象的长度，并自动记录在"模型长度"参数中，再通过对模型资源的定义，通过模型长度参数计算得到最终的算量的结果。

在 Navisworks 中，除可以使用多段线测量长度外，还可以测量面积，使用点来计算设备的数量。所有已测量或计算的图元，Navisworks 都将自动进行标记，以区分已算量和未算量的图元。二维算量工具与传统的手工算量的过程没有太多的区别，由于目前在国内已很少使用，在此不再详述，有兴趣的读者可自行尝试。

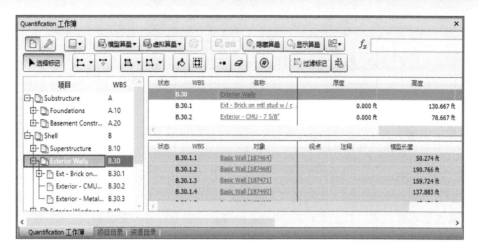

图 13-35

本 章 小 节

本章通过简单的算量实例介绍了利用 Quantification 模块在 Navisworks 中进行算量工作。项目目录和资源目录是 Navisworks 中使用 Quantification 模块进行算量的基础。在项目目录中定义项目的 WBS 编码及结构，在资源目录中定义项目中各构件的材料资源。科学、规范的 WBS 及 RBS 是高效、准确算量的基础。利用特性映射可以直接利用 BIM 模型中的构件参数信息作为算量的默认值，以加快算量的操作速度。

问题 1：在同时安装了 Revit 及 Navisworks 2019 后，为何 Revit 界面中无法显示"附加模块"选项卡，并无法使用导出为 nwc 的工具？

答：如果先安装了 Navisworks 2019 再安装 Revit，将无法为 Revit 安装该导出插件。可以在"Windows 控制面板"中选择"添加/删除程序"，找到"Autodesk Navisworks 2019 64 bit Expoter Plug-ins"程序，如图 14-1 所示。双击运行该程序，弹出 Navisworks 64 bit Exporter Plug-ins 安装界面。

图 14-1

在 Navisworks 64 bit Exporter Plug-ins 安装界面中选择"添加/删除"，如图 14-2 所示，在列表中选择 Revit 插件，单击"更新"即可在 Revit 中重新安装该插件。注意，在安装时需要 Navisworks 原安装文件。

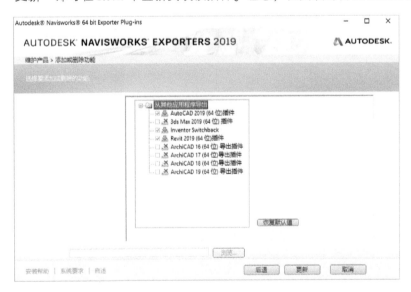

图 14-2

问题 2：如图 14-3 所示，做施工模拟时，左上角的文字旋转 90° 显示，如何让文字水平显示？

图 14-3

答：如图 14-4 所示，在"覆盖文本"对话框中，单击"字体"按钮，在弹出的"选择覆盖字体"对话框中不要选择带有@符号的字体即可使文字水平显示。

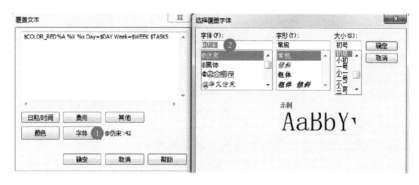

图 14-4

问题 3：Navisworks 操作界面进入全屏模式后，如何退出？

答：按〈F11〉键即可退出操作界面全屏模式。

问题 4：录制视点动画时，添加的视点动画每帧之间很生硬，如何让动画过渡得更自然？

答：抓取关键帧来制作动画有很多缺点。例如，旋转建筑时旋转轴发生变化，视点与画面的距离也发生变化，这样录制动画会显得凌乱；如图 14-5 所示，在空白位置单击鼠标右键，在弹出的快捷菜单中选择"视点"→"导航模式"→"转盘"进行场景浏览并录制动画，可以均匀旋转模型，让动画过渡更自然。还可以使用Animator对动画进行编辑。

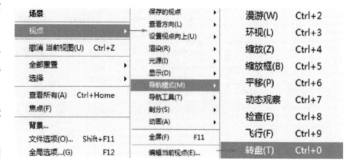

图 14-5

问题 5：Navisworks 中如何把测量显示的数值精度调整为毫米？

答：如图 14-6 所示，单击"应用程序"按钮，在"应用程序"菜单中单击"选项"，在弹出的"选项编辑器"对话框的"界面"类别下的"显示单位"中，设置"长度单位"为"毫米"即可。

问题 6：Navisworks 中能否删除构件？

答：Navisworks 是一个实时审阅平台，只能对构件材质进行编辑，不能编辑构件的形状或者删除构件，但可以使用隐藏工具隐藏图元。

问题 7：Navisworks 中找到碰撞，Revit中如何精确显示这些碰撞？

答：利用图元 ID 可以实现在 Revit 中精确定位图元。在 Navisworks 中通过"特性"面板中的"元素 ID"选项卡确定图元 ID，

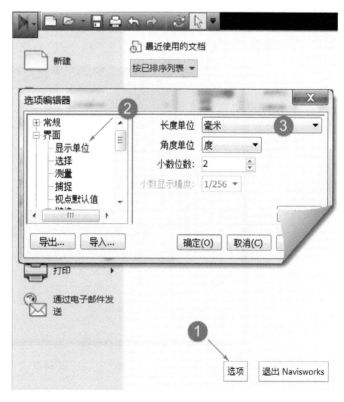

图 14-6

并在 Revit 中使用如图 14-7 所示"按 ID 选择"工具查找指定构件即可。

图 14-7

问题 8：Navisworks 中无法进行施工模拟预览的原因有哪些？

答：1）如图 14-8 所示，没有将构件"附着"到任务中。

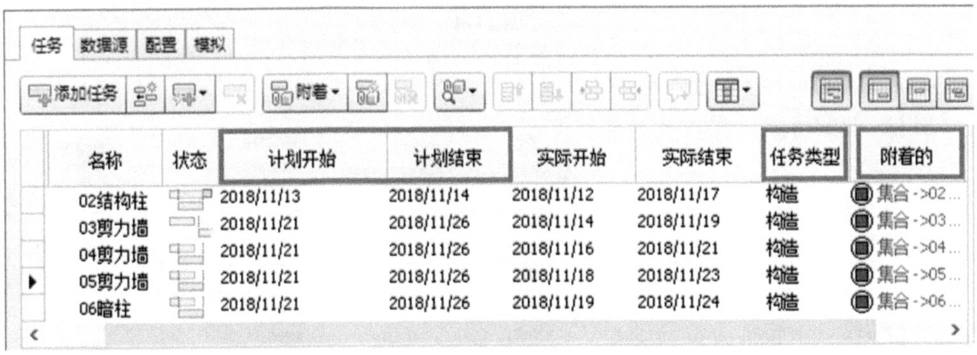

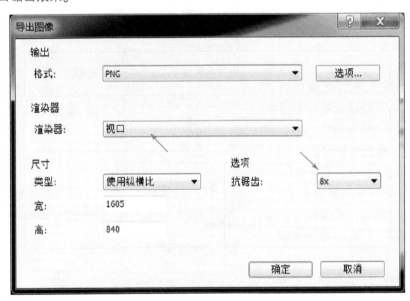

图 14-8

2）没有将构件添加"任务类型"。

3）没有添加"实际或者计划时间"。

4）没有在模拟中设置相对应的计划时间还是实际时间。

问题 9：Navisworks 做视频时画面呈现锯齿状，如何设置能够改善画面？

答：如图 14-9 所示，在使用"视口"模式导出图像或动画时，可以修改"抗锯齿"倍数为"8x"或更高，以改善画面锯齿效果。

图 14-9

问题 10：Navisworks 中如何将视点动画、Animator 动画、TimeLiner 施工模拟动画分别导出为视频？

答：单击"输出"选项卡下"视觉效果"面板中的"动画"按钮，弹出"导出动画"对话框，如

图 14-10所示。在"源"中选择要导出的动画类别为当前选定的对象动画、当前选定的 TimeLiner 序列动画或当前选定的视点动画。

图 14-10

问题 11: 输出动画时,应选择什么格式输出视频?

答: 在导出动画时可以将视频直接输出为 avi 格式,但编者建议将动画输出为 png 格式的图片序列,再利用 Primer 等视频后期编辑软件将图片序列整合成为视频。

问题 12: Navisworks 能否为构件输入 Excel 数据表中的数据?

答: 通过 ODBC 驱动,可以输入 Excel 数据,并指定给对应构件。

附 录

附录A　Navisworks安装

如果已经购买了包含了 Navisworks 产品或者套件，则可以直接通过软件光盘直接安装。如果还未购买该软件，可以从 Autodesk 官方网站（http：//www. autodesk. com. cn）下载 Navisworks 的 30 天全功能试用版安装程序。Navisworks 可以安装在 64 位版本的 Windows 操作系统上。

在安装 Navisworks 前，请确认操作系统满足以下要求：保证 C 盘有足够的剩余空间，内存不小于 3G。操作系统为 Microsoft Windows 10、Windows 8. 1、Windows 8（64 位）或 Microsoft Windows 7（64 位）（Service Pack 1）。编者建议有条件的用户使用 8G 以上的内存，采用 1920 × 1080 分辨率的显示器，以便更高效地处理大型设计项目文件。Windows 8. 1 用户必须先应用 KB2919355 更新，然后再安装 Autodesk Navisworks。在安装前，请关闭杀毒工具、防火墙等系统保护类工具，以保障安装顺利进行。在安装过程中，可能要求连接 Internet 下载族库、渲染材质库等内容，请保障网络连接通畅。

下面以 Navisworks 2019 安装为例，请按以下步骤进行。

Step01 打开安装光盘或下载解压后的目录。如附图 A-1 所示，双击 Setup. exe 启动 Navisworks 2019 安装程序。

Step02 片刻后出现如附图 A-2 所示的"安装初始化"界面。安装程序正在准备安装向导和内容。

附图 A-1　　　　　　　　　　　　　　　　　　附图 A-2

Step03 准备完成后，出现 Navisworks 2019 安装向导界面。如附图 A-3 所示，单击"安装"按钮可以开始 Navisworks 的安装。如果需要安装工具包，请单击"安装工具和实用程序"按钮，进入工具和实用程序选单。

Step04 单击"安装"按钮后，弹出软件许可协议页面。如附图 A-4 所示，Navisworks 会自动根据 Windows 系统的区域设置，显示当前国家语言的许可协议。选择底部"我接受"选项，接受该许可协议。单击"下一步"按钮。

附图 A-3 附图 A-4

Step05如附图 A-5 所示，进入"配置安装"页面。Navisworks 产品安装包中包括 Navisworks Manage、Navisworks Freedom、Autodesk Navisworks64 bit Exporter Plug-ins 以及 Autodesk Recap 组件。其中 Autodesk Recap 组件是用于处理三维扫描点云数据的工具。用户可以根据需要勾选要安装的产品组件。除非硬盘空间有限，否则编者建议安装全部产品内容。Navisworks 默认将所有的产品安装在 C：\ Program Files \ Autodesk \ 目录下，如果需要修改安装路径，请单击底部"浏览"按钮重新指定安装路径。

Step06设置完成后单击"安装"按钮，Navisworks 将显示安装进度，如附图 A-6 所示。右上角进度条为当前正在安装组件的进度，下方进度条显示整体安装进度状态。

附图 A-5 附图 A-6

Step07当整体进度条完成后，Navisworks 将显示"安装完成"页面，如附图 A-7 所示。单击"完成"按钮完成安装。

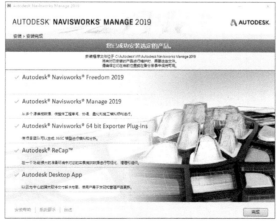

附图 A-7

◄)) 提 示

如果安装过程中出现错误，Navisworks 将自动停止安装，并跳出至本页面。注意在该页面中可以打开"安装日志"，查看安装出错的原因。

Step 08 启动 Navisworks Manage，弹出"我们开始吧"对话框，如附图 A-8 所示。根据授权情况选择单用户或多用户，根据向导激活 Navisworks 即可正常使用。如果还未取得授权，请单击下方的"开始试用"选项激活 30 天试用版。在 30 天内，可以随时单击"激活"按钮激活 Navisworks 2019。

附图 A-8

试用期满后，必须激活 Navisworks 才能继续正常使用，否则 Navisworks 将无法再启动。注意安装 Navisworks后，授权信息会记录在硬盘指定扇区位置，即使重新安装 Navisworks 也无法再次获得 30 天的试用期。甚至格式化硬盘后重新安装 Windows 系统，也无法再次获得 30 天的试用期。

附录B 常用快捷键

键盘快捷键通常是使用鼠标访问命令的键盘替代方式。例如，要打开"选择树"工具窗口可以直接按键盘快捷键〈Ctrl + F12〉；要打开"注释"窗口，可以按键盘快捷键〈Shift + F6〉等。键盘快捷键提供一种更加快速、更加有效的工作方式。Navisworks 中大多数可固定窗口及对话框可以使用快捷键进行打开或关闭。在 TimeLiner 工具窗口及使用测量工具时，Navisworks还提供用于控制该工具特性的专用快捷键，见附表 B-1。

附表 B-1

默认键盘快捷键	说　　明
PgUp 键	缩放以查看场景视图中的所有对象
PgDn 键	缩放以放大场景视图中的所有对象
Home 键	转到主视图。此键盘快捷键仅适用于"场景视图"窗口。这意味着它仅在此窗口具有焦点时才起作用
Esc 键	取消选择所有内容
Shift 键	用于修改鼠标中键操作
Ctrl 键	用于修改鼠标中键操作
Alt 键	打开或关闭按键提示
Alt + F4	关闭当前活动的可固定窗口（如果该窗口处于浮动状态），或者退出应用程序（如果主应用程序窗口处于活动状态）
Ctrl + 0	打开"转盘"模式
Ctrl + 1	打开"选择"模式
Ctrl + 2	打开"漫游"模式
Ctrl + 3	打开"环视"模式
Ctrl + 4	打开"缩放"模式
Ctrl + 5	打开"缩放窗口"模式
Ctrl + 6	打开"平移"模式
Ctrl + 7	打开"动态观察"模式
Ctrl + 8	打开"自由动态观察"模式
Ctrl + 9	打开"飞行"模式
Ctrl + A	显示"附加"对话框
Ctrl + D	打开/关闭"碰撞"模式。必须处于相应的导航模式（即"漫游"或"飞行"），此键盘快捷键才能起作用
Ctrl + F	显示"快速查找"对话框
Ctrl + G	打开/关闭"重力"模式
Ctrl + H	为选定的项目打开/关闭"隐藏"模式
Ctrl + I	显示"插入文件"对话框
Ctrl + M	显示"合并"对话框
Ctrl + N	重置程序，关闭当前打开的 Autodesk Navisworks 文件，并创建新文件
Ctrl + O	显示"打开"对话框
Ctrl + P	显示"打印"对话框
Ctrl + R	为选定的项目打开/关闭"强制可见"模式

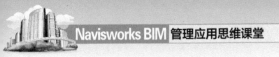

（续）

默认键盘快捷键	说　　明
Ctrl + S	保存当前打开的 Autodesk Navisworks 文件
Ctrl + T	打开/关闭"第三人"模式
Ctrl + Y	恢复上次"撤销"命令所执行的操作
Ctrl + Z	撤销上次执行的操作
Ctrl + PgUp	显示上一张图纸
Ctrl + PgDn	显示下一张图纸
Ctrl + F1	打开"帮助"系统
Ctrl + F2	打开 Clash Detective 窗口
Ctrl + F3	打开/关闭 TimeLiner 窗口
Ctrl + F4	切换当前活动图形系统的可固定窗口（即"Autodesk 渲染"窗口或 Presenter 窗口）
Ctrl + F5	打开/关闭 Animator 窗口
Ctrl + F6	打开/关闭 Scripter 窗口
Ctrl + F7	打开/关闭"倾斜"窗口
Ctrl + F8	切换"Quantification 工作簿"窗口
Ctrl + F9	打开/关闭"平面视图"窗口
Ctrl + F10	打开/关闭"剖面视图"窗口
Ctrl + F11	打开/关闭"保存的视点"窗口
Ctrl + F12	打开/关闭"选择树"窗口
Ctrl + Home	推移和平移相机以使整个模型处于视图中
Ctrl + 右箭头键	播放选定的动画
Ctrl + 左箭头键	反向播放选定的动画
Ctrl + 上箭头键	录制视点动画
Ctrl + 下箭头键	停止播放动画
Ctrl + 空格键	暂停播放动画
Ctrl + Shift + A	打开"导出动画"对话框
Ctrl + Shift + C	打开"导出"对话框并允许导出当前搜索
Ctrl + Shift + I	打开"导出图像"对话框
Ctrl + Shift + R	打开"导出已渲染图像"对话框
Ctrl + Shift + S	打开"导出"对话框并允许导出搜索集
Ctrl + Shift + T	打开"导出"对话框并允许导出当前 TimeLiner 进度
Ctrl + Shift + V	打开"导出"对话框并允许导出视点
Ctrl + Shift + W	打开"导出"对话框并允许导出视点报告
Ctrl + Shift + Home	将当前视图设定为主视图
Ctrl + Shift + End	将当前视图设定为前视图
Ctrl + Shift + 左箭头键	转到上一个红线批注标记
Ctrl + Shift + 右箭头键	转到下一个红线批注标记
Ctrl + Shift + 上箭头键	转到第一个红线批注标记
Ctrl + Shift + 下箭头键	转到最后一个红线批注标记
F1 键	打开"帮助"系统
F2 键	必要时重命名选定项目
F3 键	重复先前运行的"快速查找"搜索

（续）

默认键盘快捷键	说　　明
F5 键	使用当前载入的模型文件的最新版本刷新场景
F11 键	打开/关闭"全屏"模式
F12	打开"选项编辑器"
Shift + W	打开上次使用的 SteeringWheels
Shift + F1	用于获取上下文相关帮助
Shift + F2	打开/关闭"集合"窗口
Shift + F3	打开/关闭"查找项目"窗口
Shift + F4	打开/关闭"查找注释"窗口
Shift + F6	打开/关闭"注释"窗口
Shift + F7	打开/关闭"特性"窗口
Shift + F10	打开"关联"菜单
Shift + F11	打开"文件选项"对话框

在 TimeLiner 下的"任务"或"模拟"选项卡中操作时，以下快捷方式会处于启用状态，见附表 B-2。

附表　B-2

默认键盘快捷键	说　　明
Esc 键	取消当前的编辑
F2 键	开始编辑选定的字段
右箭头键	将选择移动到右侧的下一个字段，除非当前字段位于已折叠目录树中。在这种情况下，它会展开该目录树
左箭头键	将选择移动到左侧的下一个字段，除非当前字段位于已展开的目录树中。在这种情况下，它会折叠该目录树
上/下箭头键	选择当前行上方/下方的行
Shift + 上/下箭头键	将选择扩展至当前行上方/下方的行
Ctrl + 上/下箭头键	将当前行向上/向下移动，且不更改当前选择
Home 键	选择第一行
Shift + Home	将选择从选择定位行扩展至第一行
Ctrl + Home	将当前行移动到第一行，且不更改当前选择
Ctrl + Shift + Home	将当前行与第一行之间的行添加到选择
End	选择最后一行
Shift + End	将选择从选择定位行扩展至最后一行
Ctrl + End	将当前行移动到最后一行，且不更改当前选择
Ctrl + Shift + End	将当前行与最后一行之间的行添加到选择
PageUp/PageDown	选择与当前行向上/向下间隔一页的行
Shift + PageUp/PageDown	将选择扩展至上/下一页
Ctrl + PageUp/PageDown	将当前行向上/向下移动一页，且不更改当前选择
Ctrl + Shift + PageUp/Down	将当前行上/下一页中的行添加到选择
*	从当前单元开始展开整个子树

使用"测量工具"面板（包括锁定功能）时，以下快捷方式会处于启用状态，见附表 B-3。

附表 B-3

默认键盘快捷键	说 明
X	锁定到 X 轴
Y	锁定到 Y 轴
Z	锁定到 Z 轴
P	锁定到垂直于曲面的点
L	锁定到平行于曲面的点
Enter	快速缩放测量区域
+	使用〈Enter〉键放大测量区域
−	使用〈Enter〉键缩小测量区域